RAPPORTS

sur

Le Mouvement Agricole

ASSISES

Scientifiques, Littéraires et Artistiques

FONDÉES PAR A. DE CAUMONT

IVme Session, tenue à Rouen les 24-26 juillet et 13 novembre 1908

RAPPORTS

sur

Le Mouvement Agricole

par

MM. René BERGE, *président*

Georges LORMIER, *président honoraire,* et Félix LAURENT, *vice-président*

de la Société Centrale d'Agriculture de la Seine-Inférieure

ROUEN

Imprimerie Typographique et Lithographique L. WOLF, rue Pierre-Corneille, 13-15

1909

La Crise Ouvrière Agricole en Seine-Inférieure

Les Causes. — Les Remèdes

Il est impossible de s'intéresser, à un titre quelconque, à la prospérité de la France sans s'occuper et se préoccuper en même temps de l'exode rural.

La Société Centrale d'Agriculture l'a bien compris, et elle estime que nulle occasion ne saurait être meilleure que la réunion des Assises de Caumont pour pousser, après tant d'autres et avec tant d'autres, le cri d'alarme et pour semer, avec l'espoir et le désir de les voir germer au plus tôt, les idées qu'elle croit capables de soulager et de guérir dans un avenir prochain le mal dont souffrent nos campagnes.

Et ce ne peuvent être, en effet, que des idées et des indications ; car la question est si grave, si étendue, qu'il faudrait pour la traiter à fond, pour l'envisager sous toutes ses faces, quant à ses origines, à son extension et à tous les remèdes possibles, il faudrait, disons-nous, tant de temps et tant de labeur, que ce travail constituerait une tâche énorme et sortirait du cadre, cependant si vaste déjà, de cette importante réunion.

Et tout d'abord l'exode rural existe. Inutile, n'est-ce pas ? d'insister sur ce point acquis, c'est un fait. La riche et plantureuse Normandie n'a pas été épargnée plus que les autres pays moins heureux ; et chez nous, tout autour de nous, dans des proportions effrayantes et désolantes, nous voyons la désertion se produire.

Pourquoi ?... D'abord le mépris de la terre et de la noble profession d'agriculteur.

Le temps n'est pas éloigné encore où, nombreux, les fils des cultivateurs abandonnaient eux-mêmes facilement la campagne et croyaient monter en dignité en venant occuper une situation quelconque à la ville. Revenant de temps en temps au village, ils arrivaient confortablement vêtus, avec un langage recherché et des affinements de toute nature qui tentaient ceux restés fidèles à la terre. Se mariaient-ils, c'était bien pire encore, et l'apparition d'une compagne aux mains blanches, à la chaussure fine et au glorieux panache, attirait les regards des hommes et provoquait la jalousie des femmes.

Le temps n'est pas éloigné encore où jamais ceux de la ville qui pouvaient faire autre chose n'auraient consenti à se faire agriculteurs, et nous nous rappelons tous cette phrase humiliante et stupide que nous avons entendue, combien de fois !... il y a une trentaine d'années : « C'est un bon garçon, pas très intelligent, nous en ferons un cultivateur. »

Ce temps-là n'est plus, nous nous empressons de le dire, à l'honneur de notre génération.

Aujourd'hui une bonne partie des forces vives et jeunes de notre pays se tourne vers la terre, que l'on aime mieux parce qu'on apprend à la connaître davantage ; mais le mal est fait ; les ouvriers ont suivi les patrons grands et petits à la ville, trompés, fascinés par ce bien-être apparent qui souvent cachait la misère, et toutes les misères ; et aujourd'hui, lorsque reviennent les fils de ceux qui avaient délaissé la terre, ils la retrouvent bien, elle, mais l'ouvrier qui doit l'aider à la cultiver n'est plus là.

C'est là, nous en avons l'intime conviction, la cause première et l'une des causes principales de l'abandon des campagnes par les ouvriers agricoles.

Mais, hélas ! il en est d'autres, graves, nombreuses et actuelles. Les travaux de tissage à la main auxquels se livraient les ouvriers, l'hiver, en famille, auxquels ils pouvaient tous participer, passant ensemble la mauvaise saison sans trop de privations, attendant ainsi facilement le retour des premiers beaux jours, les travaux de tissage n'existent plus ou presque plus, et si un modeste salaire permet encore de vivre, et même à la rigueur d'élever la famille pendant la belle saison, l'hiver, au contraire, c'est la misère absolue.

Et l'on comprend bien alors que l'ouvrier de la campagne jette un œil d'envie sur le camarade parti travailler à la ville ou dans le bourg voisin, chez un industriel où le chômage est à peu près inconnu, où le salaire est plus rémunérateur.

D'autant plus qu'à côté de ce salaire, il y a la distraction, le plaisir, non seulement pour l'ouvrier, mais pour sa femme et ses enfants.

A la campagne, quelle distraction? Une seule, il faut bien avoir le courage de le dire : le café..... et c'est pour le mieux encore quand la femme et les enfants ne partagent pas cette distraction-là avec le père de famille.

Parlerons-nous des logements ? Ils sont peu nombreux, relativement chers, souvent malsains ou misérables.

Et c'est vraiment pitié, et ce ne devrait pas être de nos jours, que l'ouvrier agricole, après la dure journée de travail, ne puisse rien voir, rien entendre de joyeux, de gai et d'honnête : que de vivre il ne connaisse que la peine, souvent et rarement le bonheur !

Certes, il a pour lui l'air pur et sain, les beaux spectacles de la Nature et une certaine indépendance que ne connaissent pas ceux de la ville ; mais ces bienfaits sont gâtés par les ennuis et les peines dont nous venons de parler ; et puis nul, le plus souvent, ne lui a appris à les goûter comme ils méritent de l'être, et il vit au milieu des richesses et des trésors de la Nature sans en profiter, et souvent sans les comprendre.

Nous devons convenir que les apparences de bonheur ne sont pas toujours le bonheur lui-même, et la vie de l'ouvrier à la ville n'est pas absolument enviable. La vie, tout d'abord, n'y est-elle pas plus coûteuse?

Il est permis d'en douter, l'ouvrier intelligent pouvant facilement vivre à la ville et élever sa famille d'une façon tout aussi économique que dans le village.

La vérité, c'est que trop souvent les produits achetés ne valent pas ceux qu'il trouve chez lui, à la campagne ; la vérité surtout, c'est que la tentation, à la ville, est de tous les instants et qu'elle se présente sous toutes les formes, s'adressant à l'homme, à la femme, aux enfants ; et voilà pourquoi la vie de la ville est bien plus coûteuse que la vie de la campagne.

Enfin, il faut le reconnaître, jusqu'à présent les Pouvoirs publics, la loi se sont plus préoccupés du sort des ouvriers de la ville que des ouvriers des champs. En faveur des uns, du premier coup sont venues toutes les mesures de protection, avant, pendant et après le travail : pour les autres, c'est difficilement, péniblement et lentement que l'on peut arracher, pour ainsi dire, des mesures équivalentes ; en un mot, l'ouvrier des villes se sent moins isolé, plus protégé que celui des campagnes, et c'est encore, à nos yeux, une des causes puissantes de l'émigration vers les grands centres.

Enfin, il y a l'alcoolisme, le grand mal qui dégrade, abâtardit la race et tarit la source même de la vie.

Nous n'avons pas la prétention d'avoir énuméré toutes les causes de l'abandon des campagnes : mais ce sont, sans aucun doute, les principales, et ce mal serait bien enrayé, sinon même conjuré, s'il était possible de trouver un remède à chacune de ces causes, à chacun de ces maux.

Les remèdes, on les cherche, et si, depuis un certain temps déjà, on s'est occupé de les trouver, il faut reconnaître que, maintenant plus que jamais, les efforts de tous les hommes prévoyants s'unissent pour atteindre ce but : le mal est d'ailleurs si grave, la question si importante, que ce ne sont pas seulement ceux que leurs intérêts ou leurs goûts dirigent vers les problèmes agricoles qui cherchent la solution, mais aussi tous ceux qui s'intéressent à notre prospérité nationale et au bonheur même de l'humanité.

Le Pays de Caux, qui souffre tant de la crise ouvrière agricole, a posé le problème par la voix de la Presse, provoquant ainsi les réflexions et les avis des hommes qui peuvent et doivent s'occuper de cette question vitale.

Les réponses sont unanimes pour reconnaître l'existence du mal, sa profondeur, en même temps que la nécessité absolue d'y porter un prompt remède ; et chacun préconise le système qui lui paraît préférable.

M. de Montfort se déclare partisan de l'interdiction absolue de l'affreuse liqueur verte qui, sous le nom « d'absinthe », empoisonne la jeunesse des campagnes.

« Une ligue s'est formée dans le Parlement, dit-il, pour « combattre les progrès de l'alcoolisme; ce serait au moins un

« commencement, et, comme vous le savez, plusieurs nations de
« l'Europe nous ont devancés dans cette voie. »

M. de Folleville met en garde les jeunes gens contre la course
effrénée après les places, leur montrant combien peu peuvent
réaliser ce rêve d'être fonctionnaires et combien, même parmi ceux
qui l'ont réalisé, regrettent d'avoir abandonné leur pays, en même
temps que le plus souvent ils aliénaient leur indépendance.

M. Quesnel, en constatant tout d'abord avec regret que l'arrondissement d'Yvetot, qui a compté plus de 150.000 habitants, en
compte aujourd'hui moins de 100.000, estime que si l'on veut
rendre à la terre les désabusés de l'usine, ou tout au moins retenir
les fidèles qui se sont jusqu'à présent refusés à abandonner le sol
natal, un seul moyen s'offre, mais nécessaire : améliorer le sort de
l'ouvrier rural, faire sa condition meilleure, c'est-à-dire, pratique-
ment, lui procurer un peu plus de bien-être.

Pour attacher l'ouvrier au sol, il estime qu'il faudrait donner à
l'ouvrier agricole les plus grandes facilités pour l'acquisition d'une
propriété.

M. Suchetet rappelle qu'il a déposé à la Chambre un projet de
résolution invitant le Gouvernement à encourager les nombreuses
familles :

1° En les dégrevant dans une certaine mesure de leurs impôts;
2° en réservant les emplois dont ils disposent à leurs enfants.

M. Bouctot, tout disposé à apporter dès maintenant tous les
remèdes possibles à la dépopulation des campagnes, espère que les
ateliers aujourd'hui dispersés seront un jour reconstitués, grâce à
de nouveaux progrès de la science qui permettront la distribution
de la force électrique, à domicile, aux distances les plus éloignées
du lieu de production.

M. Paul Bignon estime que c'est en procurant le bien-être et
la richesse dans les campagnes qu'on pourra y retenir les habitants,
plus sensibles à des résultats palpables et certains qu'à de vagues
sentiments poétiques : il préconise comme moyens les plus puissants
pour parvenir à ce bien-être et à cette prospérité le développement
des Syndicats agricoles et du Crédit agricole.

Il estime aussi que la création de l'École ménagère ambulante de laiterie récemment décidée par le Conseil Général produira les plus heureux effets dans notre département, comme en Belgique, dans le Nord, dans l'Oise, et partout où fonctionnent ces Écoles.

M. René Berge estime que le manque de travail pendant l'hiver est l'une des causes principales de la désertion des campagnes; et il n'ajoute pas, mais nous savons que, donnant l'exemple, il a su enrayer le mal dans son exploitation en réservant à ses ouvriers un ouvrage lucratif pendant l'hiver.

M. Bourel constate l'étendue du mal et pense que le travail du lin et du chanvre dans les pays où ils ont été récoltés devrait apporter une sensible amélioration au sort de l'ouvrier pendant la mauvaise saison, et par là même enrayer l'exode rural.

M. Guérin, d'Ourville, insiste sur la possibilité de gagner encore de bons salaires avec le tissage à la main, sur la nécessité de réserver quelques travaux pour l'hiver, enfin sur la possibilité de donner aux femmes des travaux manuels, soit chez elles, soit dans des ouvroirs qu'il serait facile de fonder avec un peu de bonne volonté.

Il nous est impossible de donner d'une façon absolument complète et détaillée toutes les réponses reçues par l'*Abeille Cauchoise* à l'enquête qu'elle avait provoquée sur la question de dépopulation des campagnes; mais les quelques citations que nous avons faites indiquent de façon indéniable que le mal existe chez nous et que chez nous tous s'en occupent, sans distinction de rang ni d'opinion, persuadés qu'ils remplissent à la fois un devoir de patriotisme et d'humanité.

La Société Centrale d'Agriculture s'était depuis longtemps déjà occupée de cette importante question, au moment même où commençaient les difficultés de la main-d'œuvre agricole et, dans tous les cas, bien avant que la crise eût atteint le point aigu où elle se trouve actuellement, et dès l'année 1897, M. Frédéric Lefebvre avait fait à cette Société une communication des plus intéressantes sur la situation des ouvriers de culture et l'organisation du travail agricole.

Nous ne pouvons pas faire mieux, d'ailleurs, que d'emprunter au procès-verbal même le résultat de cette communication, aussi utile et aussi actuelle aujourd'hui qu'elle l'était alors.

M. Lefebvre fait ressortir, tout d'abord, les inconvénients des rapports actuels des ouvriers et du chef de culture :

« La culture, qui a de la peine à faire vivre son monde lorsqu'elle est exploitée par une famille, ne donne le plus souvent que des pertes lorsque l'agriculteur est obligé de s'adresser à des mercenaires, c'est-à-dire à des ouvriers étrangers à son foyer et qui viennent y prendre part, puisqu'ils sont logés et nourris forcément dans la ferme.

« La plupart sont célibataires et fort peu soucieux des intérêts de leur patron. Entraînés le plus souvent par de mauvaises habitudes, contractées de bonne heure, ils sont négligents et paresseux, d'une moralité bien secondaire ; ils ne prennent que peu de soin des animaux qui leur sont confiés et abandonnent volontiers leur travail, s'ils ne sont pas surveillés, pour se livrer à la satisfaction de leurs grossiers plaisirs ou à la débauche.

« De là perte pécuniaire pour le patron, mais aussi danger moral pour la famille par cette vie en commun, car on mange à la même table, on couche sous le même toit.

« De là familiarité inévitable, qui enlève au patron son ascendant sur ceux qu'il doit commander et qui doivent lui obéir. »

M. Lefebvre a cherché un remède à cet état de choses, et il a cru le trouver en modifiant son organisation de culture ; il enseigne comme moyen salutaire et très avantageux, non seulement au point de vue du profit, mais encore et surtout au point de vue moral, de s'entourer de familles et non de célibataires ; de loger aux alentours de l'exploitation, à un prix modéré, des chefs de familles et de leur donner des gages fixes rémunérateurs, avec lesquels ceux-ci se nourriront chez eux avec leur famille, qui sera, autant que possible, employée dans l'exploitation.

Le résultat, M. Lefebvre l'a obtenu, car il a constaté un travail mieux compris, mieux exécuté, fait plus consciencieusement.

En outre, cette vie de famille, épurant les sentiments, améliorant l'esprit et le cœur de tous ceux qui la suivent, devrait nous ramener, il faut l'espérer du moins, aux mœurs paisibles et aux saines traditions qui se transmettaient d'âge en âge chez l'homme des champs d'autrefois.

Nous avions donc raison de vous dire, Messieurs, que depuis longtemps cette importante question nous avait préoccupés, et nous sommes heureux de proclamer que, dès 1897, l'un de nos plus dévoués collègues de la Société Centrale d'Agriculture avait commencé à résoudre le problème, une partie tout au moins, à l'aide de procédés aujourd'hui mis en avant pour enrayer le mal.

Onze ans après, cette année même, en 1908, M. Robert Dufresne, le sympathique propriétaire du domaine de Calmont, présentait à notre Société un Rapport extrêmement intéressant et instructif dans lequel, après quelques réflexions profondément justes et pratiques, il nous exposait les systèmes employés par lui pour améliorer le sort de ses ouvriers agricoles et, par cela même, les retenir plus sûrement à la campagne, systèmes dont l'application lui a valu, à juste titre, une médaille d'or de la part du Gouvernement de la République.

S'il est impossible de vous donner lecture aujourd'hui de la Note entière produite par M. Dufresne, Note qui, d'ailleurs, pourra avantageusement paraître lors de la publication de cette étude, il convient néanmoins de donner comme l'exposé général des idées qui l'ont inspirée en l'empruntant à l'auteur lui-même.

« Deux principes, dit-il, ont présidé au recrutement et à l'organisation du personnel dans l'exploitation du domaine de Calmont.

« Le premier : fournir à l'ouvrier agricole des avantages aussi complets que possible de la vie indépendante et du foyer dont jouit l'ouvrier d'industrie et d'usine, contrairement à la coutume établie et trop traditionnellement conservée qui fait de l'ouvrier des campagnes une annexe, un surgeon de la famille du patron, nourri, logé à la ferme et, par suite, n'ayant ni personnalité, ni liberté.

« Le second : fournir à cet ouvrier agricole un salaire mensuel suffisant et proportionné à ses nécessités, afin qu'il ne soit plus incité, s'il en est capable, à rechercher à la ville ou dans les travaux de l'industrie et des fabriques un débouché plus lucratif, — recherche d'ailleurs très légitime et qui, bien plus que les séductions des centres manufacturiers ou urbains, comme on se plaît à le répéter, a causé, à notre avis, la dépopulation des campagnes.

« En outre de la jouissance du logement personnel et de famille et du jardin ouvrier (suffisant pour l'entretien de la famille), logement que l'on s'est, d'ailleurs, efforcé de varier d'aspect pour lui donner le moins possible l'apparence monotone des cités ouvrières, en outre des primes à la natalité si méritées heureusement encore dans nos campagnes, le salaire fixe annuel a été calculé en majoration de 15 0/0 environ sur ceux des ouvriers agricoles de la contrée, calcul fait du salaire ordinaire payé et du prix de revient de la nourriture au foyer du patron. De plus, pour éveiller sa responsabilité et développer son zèle dans l'accomplissement du travail, chaque ouvrier s'est vu attribuer des primes à la production de ce travail, tels des livreurs de lait sur les ventes effectuées chaque jour par leur entremise, telle la maîtresse laitière, tels le chef d'écurie et de culture, le chef du bétail, et jusqu'aux vachers sur la quantité de lait trait par eux chaque jour.

« Chaque ouvrier devant avoir normalement, à notre avis, son jour hebdomadaire de repos, les employés des services qui ne peuvent chômer le dimanche ont leur alternement en semaine ; c'est ainsi, par exemple, que les vachers occupés toujours le dimanche ont, au cours de la semaine, un jour attitré de repos, qui le mardi, qui le mercredi, qui le jeudi, etc., lequel jour le vacher supplémentaire et *ad hoc* vient prendre sa place.

« Un livret personnel de paie établissant les gages, primes et subventions des employés permanents logés sur le domaine, est attribué à chacun d'eux et arrêté et réglé le 10 de chaque mois.

« Un duplicata de ce livret leur est remis et demeure en leur possession. Ils peuvent ainsi contrôler leur gain et leurs bénéfices, ainsi que la retenue mensuelle de la demi-paie en cas d'accidents ou maladies, comme aussi les suspensions totales de solde pour absence en dehors des congés réguliers et prévus au règlement.

« On remarquera que l'idée de pourboire et d'étrennes a été volontairement supprimée ; on la remplace par ce que l'on nomme gratification de fin d'année.

« Toutes ces mesures sont destinées à rendre à l'ouvrier agricole le sentiment de son indépendance, de sa responsabilité, de sa liberté personnelle, que l'organisation fâcheusement patriarcale de l'Agriculture a trop annihilé chez ceux qu'elle emploie.

« Si l'Agriculture, aujourd'hui spécialisée, comme le mouvement économique l'y conduit fatalement, consent à traiter l'ouvrier de la terre comme l'Industrie traite ses ouvriers, nul doute qu'elle ne trouve chez lui un travail plus zélé, plus rapide, plus intelligent, et grâce au personnel nouveau ou transformé qu'elle aura su attirer ou garder, ses bénéfices dépasseront certainement, nous en parlons d'expérience, les sacrifices qu'elle aura su faire pour relever et améliorer la condition de l'ouvrier rural. »

N'avions-nous pas raison de vous dire, Messieurs, que cette page était intéressante et instructive au plus haut point, émanant d'un homme comme M. Dufresne, qui ne vit pas seulement de théories, mais qui applique les procédés qu'il préconise et peut rendre compte des heureux effets qu'ils produisent ?

Les Sociétés agricoles ne sont pas restées inactives non plus, et nous sommes heureux de signaler tout particulièrement l'excellente initiative de la Société d'Agriculture d'Yvetot, qui étudie avec le zèle le plus éclairé la question de la dépopulation des campagnes, cherchant tout d'abord les causes et proposant ensuite les remèdes possibles.

A Paris même, une Société s'est fondée sous le titre de « Société française d'Emulation agricole contre l'abandon des campagnes », et cette Société, des plus actives, fait déjà rayonner son action sur une grande partie de notre région.

Tout le monde constate donc l'étendue du mal et cherche à le guérir.

Et si cette recherche est un bien parce que le mal est grand, parce que tant de bonnes volontés intelligentes ne peuvent manquer d'atteindre le but qu'elles se proposent, il arrive parfois, cependant, que ce bien devient momentanément un mal en rendant l'ouvrier agricole plus difficile et plus exigeant.

Il sait bien déjà, et son départ de la campagne le prouve, il sait bien que sa situation est peu enviable, que souvent son sort paraît moins heureux que celui des camarades partis à la ville ; mais à l'entendre répéter sans cesse, il s'exagère à lui-même les ennuis qui l'entourent et, l'alcoolisme aidant, il a souvent, nous le répétons, des exigences inadmissibles.

Les agriculteurs le savent bien : mais c'est une crise passagère, un malaise, qui ne peut pas arrêter et qui n'arrêtera pas les recherches indispensables pour remédier à la situation.

Des essais, des tentatives généreuses dont nous sommes témoins tous les jours dans notre département, dont beaucoup donnent des résultats heureux, font espérer qu'une amélioration est proche.

Nos agriculteurs veulent résoudre le problème, même au prix de notables sacrifices, et ils le résoudront, non seulement parce qu'il y a pour eux nécessité absolue et immédiate à le résoudre, mais aussi parce qu'ils veulent participer au beau mouvement de solidarité humaine qui entraîne notre pays, et fait de l'aurore du xx° siècle l'une des plus radieuses qui aient éclairé l'histoire du monde.

Nous avons donc constaté, Messieurs, et c'est un fait qu'il est malheureusement inutile de prouver, nous avons constaté que l'exode rural existe et que le mal est profond, que la crise est à l'état aigu, et que fort heureusement, de tous côtés, on se préoccupe d'y remédier.

Examinons à notre tour, si vous le voulez bien, quels sont les moyens à employer pour ramener à la campagne ceux que l'on a appelés avec raison les désabusés de la ville, ou pour y retenir ceux qui y sont restés fidèles.

« Donnons-leur plus de bien-être », a dit M. Quesnel, et c'est le mot juste : plus de bien-être physique, intellectuel et moral.

Prenons l'enfant dès son entrée à l'école et demandons à l'instituteur de ne pas lui apprendre seulement ce qui compose le programme actuel de nos écoles de campagne : il faut que, dès l'ouverture de ces jeunes intelligences, on leur inspire l'amour de la campagne, qu'on leur fasse voir et comprendre que c'est sain, que c'est gai, que c'est digne et que c'est ainsi préférable d'y rester ; il faut qu'on leur donne, sous une forme intéressante et attrayante, les premières notions de ce qu'il faut savoir sur la botanique, sur l'histoire naturelle, et sur tant de choses des champs qu'il est si facile de présenter agréablement aux enfants.

Pourquoi, pendant la belle saison, ne pas leur faire faire des promenades, en les instruisant sur tout ce que l'on voit dans cette belle campagne, livre toujours ouvert, aux images toujours attrayantes.

Pourquoi ne pas aller dans les fermes du pays, chez les meilleurs cultivateurs, ceux qui emploient les méthodes nouvelles? Ils se feraient, eux aussi, un plaisir de recevoir tout ce petit monde avec le maître d'école et de donner des explications variées sur les bestiaux, sur les graines, sur les machines, que sais-je? sur tout ce qui fait le charme et le profit de la vie des champs.

Et ainsi les enfants s'attacheraient à la campagne que leur intelligence naissante aurait appris à comprendre, que leur jeune âme aurait appris à aimer.

Mais il faudrait pour cela que les instituteurs eux-mêmes fussent préparés d'une façon toute spéciale à cette tâche nouvelle, et, disons-le, d'une autre manière que celle employée aujourd'hui. Certes, ils reçoivent bien quelques notions sur l'Agriculture et sur la botanique; mais c'est, pour ainsi dire, secondaire et comme accessoire. Nous voudrions plus, et ce sera pour les représentants élus de notre Agriculture et pour les Pouvoirs publics un devoir strict et urgent, que les premiers demandent et que les autres donnent davantage.

Dès l'école, l'enfant devrait être affilié à une Caisse d'épargne et de mutualité pour former un homme économe et sociable, comprenant tout ce que l'union a d'utile et de profitable.

A la sortie de l'école, il faut que l'enfant, l'adolescent bientôt, trouve au village, près de lui, chez lui, après le travail auquel il va se livrer, la distraction qui délasse.

Quelle sera-t-elle? On devrait avoir, pour ainsi dire, l'embarras du choix, et cependant combien peu de communes encore où l'on trouve autre chose que le cabaret?

Les Sociétés de tir, les Sociétés de gymnastique, les Sociétés de musique même, offrent des passe-temps sains, gais, utiles, peu coûteux généralement, et qui ont le grand avantage de préparer le jeune homme au service militaire; c'est, à tous les points de vue, rendre service à la Société que favoriser l'éclosion et le développement de ces Sociétés; et maintenant, nous ne parlons plus seulement pour l'enfant et l'adolescent, mais aussi pour l'homme, qui, lui aussi, profitera de ces saines et belles distractions.

Le vrai Bonheur

Revenu du service militaire, il pourra continuer par les exercices de tir et de gymnastique à préparer un défenseur vraiment utile à son pays ; il occupera gaîment et sainement le temps du repos et s'attachera de plus en plus au pays où l'intérêt et l'émulation le retiendront sans peine.

Mais il est bien d'autres distractions et attractions encore qui sont possibles. Pourquoi pas, de temps en temps, des représentations amusantes, pourquoi pas des phonographes, des cinématographes, des conférences, des réunions où peuvent être traités les sujets les plus divers ?

Pourquoi ne pas avoir de bibliothèques permettant de prêter des livres intéressants, amusants, dont l'attrait pourra retenir, le soir, la famille au foyer, avant le repos ?

Toutes ces choses sont possibles et sont déjà commencées dans quelques endroits, mais il faut qu'elles soient réalisées partout.

Commençant par l'enfant, nous avons aussi commencé par les distractions, et si ce point de vue a sa grande importance, il n'est cependant que l'un des côtés de la question si complexe qui nous occupe, et nous avons hâte d'aborder d'autres graves sujets.

Nous avons maintes fois constaté, et l'enquête dont vous entendiez vous-mêmes l'écho il n'y a qu'un instant, l'établit d'une façon indéniable : les logements actuels des ouvriers agricoles sont généralement insuffisants, misérables, antihygiéniques.

C'est là une des questions qui ont à juste titre le plus préoccupé nos collègues MM. Lefebvre et Dufresne, et tous deux, joignant la pratique à la théorie, ont eu soin de loger leurs ouvriers dans des habitations saines, convenables, entourées d'un jardin suffisant à l'entretien de la famille, répondant ainsi par avance au vœu très juste formulé par la Société d'Agriculture d'Yvetot, qui demande que les ouvriers agricoles, habitués la plupart du temps à cultiver leur potager et à récolter leurs pommes, aient un terrain suffisamment spacieux pour s'y sentir véritablement à l'aise et y trouver une certaine liberté.

Mais ne pouvons-nous pas aller encore plus loin, et ne devons-nous pas aider par tous les moyens possibles l'ouvrier à acquérir sa maison et son jardin ?

Certes le confortable, la propreté et l'agrément de la maison qu'il habite le retiendront au sol; mais combien plus puissant sera le lien s'il peut devenir lui-même propriétaire de cette habitation?

D'autant plus que ce bien modeste devra être intangible, devra rester l'abri sûr où il sera toujours certain de trouver un refuge, les jours de revers et de tempête.

Encore est-il que pour prendre part à ces distractions, que pour habiter cette demeure idéale dans sa simplicité confortable que nous venons de décrire, il faut que l'ouvrier puisse vivre à la campagne et qu'il puisse y vivre en toute saison.

Pendant l'hiver que fera-t-il, et surtout que feront les ouvrières?

Saluons tout d'abord dans un avenir probable, mais sans doute encore trop éloigné, le temps où la transmission des forces électriques permettra les ouvrages mécaniques au village, et prenons, puisque le progrès n'est pas encore réalisé, la question telle qu'elle se pose aujourd'hui.

Des industries anciennes, du tissage en particulier, qui occupait la famille pendant les longs jours de l'hiver, il ne reste pas grand'chose; mais ce qui reste ne doit pas être négligé, puisque certains peuvent encore en vivre et même, nous disait un de ceux qui ont répondu à l'enquête ouverte sur cette grave question, même gagner des salaires rémunérateurs.

N'y aurait-il pas moyen de faire revivre cette industrie en aidant les ouvriers pour le transport des matières premières, de la marchandise ouvragée, pour l'achat de métiers?

Et puis, à côté de cette ancienne industrie qui périclite, ne pourrait-on en faire naître une nouvelle qui correspond à un fait nouveau : l'extension de la culture du lin dans la Seine-Inférieure?

Nous savons tous que des difficultés biologiques, entre autres, s'opposent au travail chez nous de certaines qualités, mais ne pourrait-on travailler les autres sur place, en attendant que la Science, l'inépuisable Science, ne nous apprenne comment il faut traiter les lins chez nous pour arriver aux mêmes beaux résultats atteints en Belgique, sur les bords de la Lys?

On s'en occupe, et de toutes les façons; les uns en étudiant les procédés chimiques à employer dans la Seine-Inférieure, les autres en allant voir sur place, en Belgique, quels sont les moyens employés ; d'autres en cherchant déjà l'emplacement le plus favorable pour des Coopératives destinées à ces travaux du lin et du chanvre ; d'autres enfin, comme MM. Bignon, Bouclot, Brindeau, de Pomereu, Quesnel, Quilbeuf et Suchetet, en demandant aux Pouvoirs publics d'encourager d'une manière toute spéciale, sous forme de primes supplémentaires, les exploitants qui consentent à ne pas se débarrasser de leurs récoltes aussitôt mûres et qui, en bons patrons, en gens prévoyants d'ailleurs qu'ils sont pour eux-mêmes, emploient longtemps chez eux les ouvriers du pays aux travaux assez rémunérateurs que nécessite l'apprêt du lin.

En présence de ce faisceau d'efforts et de bonnes volontés, nous ne pouvons douter qu'une heureuse solution soit proche.

D'autres travaux encore peuvent occuper pendant l'hiver : c'est l'exploitation des bois, par exemple ; c'est aussi une quantité de menus ouvrages, dont un certain nombre, effectués à tort pendant la bonne saison, quand on pourrait faire autre chose, devraient être plutôt réservés pour les jours creux.

C'est au patron surtout que revient le soin de réserver ces ouvrages de façon à occuper autant que possible son personnel pendant toute l'année.

Enfin, serait-ce une chimère de penser que certains ouvriers aux mains habiles pourraient apprendre un métier rémunérateur qui ne conduirait certainement pas à la fortune, mais pourrait aider à passer plus facilement l'hiver ? Citerai-je quelques menus ouvrages de menuiserie, la fabrication des paniers... que sais-je ? C'est là une voie qui nous paraît bonne et facilement réalisable.

Quel est, d'ailleurs, le patron qui ne se ferait un plaisir et un devoir de faciliter l'éducation du bon ouvrier qui voudrait acquérir ces quelques connaissances ?

Mais les ouvrières, que peuvent-elles faire ?

Les travaux des champs sont arrêtés et, pour la plupart, c'est le chômage complet.

Pourquoi ne pas les occuper à des travaux pour lesquels on devra trouver facilement des débouchés, suivant les pays, suivant les aptitudes de chacune ? Ce seront des ouvrages en laine, des broderies, des dentelles même, travaux effectués isolément dans le logement de la famille, ou bien, suivant les circonstances, exécutés en commun, dans des ouvroirs plus ou moins étendus, ainsi d'ailleurs que cela se pratique déjà dans notre département, à Yerville, sur une échelle encore modeste, mais déjà avec des résultats satisfaisants.

Il est bien entendu que, là encore, il y aurait une sorte d'apprentissage, pour les ouvrages fins surtout ; mais pour les autres, les maîtresses de couture qui donnent des leçons aux fillettes à l'école pourraient avoir une mission plus importante, plus étendue que celle qui leur est actuellement confiée, et préparer ainsi les jeunes filles à l'exécution de travaux sérieux et rémunérateurs.

Là encore, nous demanderions qu'une réforme fût apportée dans le programme de l'enseignement primaire et qu'une beaucoup plus grande importance fût donnée aux leçons de couture et de travaux manuels.

A la sortie de l'école, à certains jours inoccupés ou pendant les soirées, les jeunes filles pourraient se réunir sous la direction de la maîtresse de couture, pour s'entretenir et se perfectionner, afin de produire des ouvrages bien faits et d'une vente facile.

L'Ecole ménagère ambulante de laiterie, dont je parlais tout à l'heure, pourrait aussi, sans doute, en apprenant aux futures servantes de ferme tout ce qui doit leur donner la connaissance et l'amour de leur profession, pourrait aussi, disons-nous, leur donner, comme aux futures cultivatrices, des notions de couture, de tricotage, de confection de vêtements même, leur permettant de se rendre utiles et de gagner leur vie en toute saison.

Vous le voyez, Messieurs, cette question de chômage d'hiver, qui est l'une des plus graves et des plus ardues, ne paraît pas cependant impossible à résoudre si l'on veut, dès maintenant, faire les réformes et consentir les sacrifices nécessaires.

Nous hésitons, en vérité, à aborder la question de l'alcoolisme, tant le mal est grand, tant les remèdes à proposer paraissent insuffisants ; mais ce serait une lâcheté de nier le danger et de détourner la tête, parce que l'on ne se croit pas assez fort pour vaincre.

D'autres États aussi malades que nous à ce point de vue, sinon plus, ont déjà réussi à enrayer le mal, et il n'y a aucune raison pour que nous ne fassions pas de même.

Pour cela encore nous comptons sur l'école, non seulement parce que, avec l'instruction, l'homme s'élève pour ainsi dire, tendant à devenir meilleur et plus digne, mais parce que le maître peut et doit inspirer à l'enfant l'horreur de l'intempérance, une horreur raisonnée d'ailleurs et exempte de ces exagérations qui nuisent aux meilleures causes.

Et c'est vrai, non seulement pour l'enfant, mais aussi pour l'homme. Certes ils feront le plus grand bien les livres, elles seront des plus utiles les conférences qui démontrent combien l'homme s'avilit lorsqu'il abuse de l'alcool, usant dans la honte les forces intellectuelles et physiques qui lui sont indispensables pour bien vivre et bien élever sa famille ; procréant trop souvent des êtres idiots et rachitiques, pitoyables et innocentes victimes de la faute des parents ; certes, saisissante et instructive sera la statistique démontrant que les prisons, les hospices et les asiles d'aliénés sont peuplés en grande partie d'alcooliques ou de fils d'alcooliques ; mais ces livres, mais ces conférences et ces démonstrations ne produiront leur bon effet que s'ils restent dans une mesure juste et vraie.

La médecine et l'expérience indiquent que l'alcool n'est pas un poison, que son usage modéré ne peut être malsain, et c'est dans ces termes et dans ces limites, à notre avis, qu'il faut envisager le problème ; c'est de cette façon seulement qu'on peut espérer convaincre et guérir.

Les droits actuels grevant les alcools sont déjà très lourds, et il nous paraîtrait inutile et même dangereux de les augmenter encore, le Trésor seul pourrait en profiter, mais la santé serait gravement atteinte : ce ne sont pas les droits élevés qui empêchent l'alcoolisme, nous pensons même qu'ils l'aggraveraient plutôt : on boit autant d'alcool, mais celui-ci est plus malsain.

Ce qu'il faudrait, ce serait tout d'abord la suppression de l'absinthe, la fée verte qui charme et qui tue, et puis la diminution du nombre des cafés, ou tout au moins, pour ne pas porter atteinte au commerce ou à des droits acquis, l'interdiction d'en ouvrir de nouveaux ; ceux qui existent actuellement sont grandement assez nombreux, et vraiment nulle part, je crois, le besoin ne se fait sentir de nouveaux établissements de ce genre.

Enfin l'intempérance, à la campagne, diminuera d'elle-même lorsque les jeunes gens, les hommes auront, pour se réunir, d'autres endroits que la salle de café, lorsqu'ils seront occupés et distraits par le tir, la musique, des conférences, des représentations, des lectures même, toutes choses vers lesquelles chacun se dirigera suivant ses goûts et suivant ses aptitudes.

Courage donc et à l'œuvre ! La plaie est grande et profonde : c'est un devoir de la soigner et de la guérir ; sinon, c'est plus qu'un malaise ou une maladie, c'est la mort même de notre race.

L'opinion, les Pouvoirs publics, le Parlement s'occupent avec sollicitude du sort des ouvriers et des ouvrières, et ils ont raison ; mais, ainsi que nous le constations au début de cette étude, trop souvent des dispositions paraissent avoir été prises, des lois paraissent avoir été faites en vue et en faveur de l'ouvrier industriel seulement. L'ouvrier agricole a les mêmes droits et doit avoir le même sort ; il ne faut pas oublier que c'est du sol que naît la première richesse, celle sans laquelle, dans notre pays, les autres seraient peu ou ne seraient rien ; les représentants de notre Agriculture ont élevé souvent la voix pour rétablir cette égalité indispensable, et nous devons leur demander de mettre au service d'une cause aussi juste et aussi utile tout leur zèle et toute leur influence.

Nous avions indiqué, comme la cause première et l'une des plus graves de l'abandon des campagnes par les ouvriers, le mépris de la profession d'agriculteur et l'exode de patrons mêmes vers la ville.

La situation n'est plus la même, et nous avons la joie de voir s'effectuer le retour à la terre, évolution consolante qui promet la richesse, l'indépendance et le bonheur.

Quelles ont été les causes de cette transformation ?

Elles sont nombreuses et variées. Tout d'abord, les lois de protection qui permettent de mieux tirer parti des produits de la ferme, lois intangibles que l'Agriculture défendra toujours et à laquelle elle n'entend laisser porter nulle atteinte.

La création et le bon fonctionnement des Écoles d'Agriculture, des Écoles ménagères ambulantes ou fixes, qui font connaître et aimer la terre.

L'extension des Syndicats agricoles d'achat et de vente, la création de Coopératives, l'essor pris par le Crédit Agricole, sous l'impulsion généreuse et avec les avances importantes consenties par l'État.

Les leçons et les démonstrations pratiques faites par les professeurs.

Enfin le bel exemple donné par ceux qui, restés fidèles à la terre, ont continué, malgré l'abandon général, à vivre au milieu des champs cette vie saine et indépendante que tant ont méprisée et vers laquelle on revient aujourd'hui avec tant d'ardeur et tant d'espérance.

Il nous reste à parler des salaires, plus faibles généralement pour l'ouvrier des champs que pour l'ouvrier industriel.

On ne peut nier, ainsi qu'on le disait si justement, que l'appât d'un salaire plus élevé ait été l'une des causes principales de l'émigration des ouvriers vers la ville.

Il faudrait donc augmenter le salaire des ouvriers des champs si les bénéfices réalisés par le chef de l'exploitation permettaient cette augmentation. Est-elle possible ? Oui, disent les uns ; pas encore, disent les autres. Eh bien, dans cette question comme pour toutes les autres, il faudra l'union étroite, l'entente absolue entre les agriculteurs, de nombreuses réunions, la formation de Sociétés ou l'utilisation de celles qui existent, pour s'entendre et prendre, dans les proportions possibles, une mesure qui s'impose et qui doit être réalisable par le plus grand nombre.

Des exemples, d'ailleurs, sont donnés déjà dans certaines exploitations, et M. Dufresne nous dit que les bénéfices de l'agriculteur devront dépasser les sacrifices qu'il aura dû faire pour relever et améliorer la condition de l'ouvrier rural.

Mais ce que l'on peut et ce que l'on doit faire dès maintenant, c'est, ainsi que le demande la Société d'Agriculture d'Yvetot, améliorer les salaires, principalement sous forme de primes intéressant l'ouvrier à sa tâche et à une plus grande production agricole, donner des primes à l'ancienneté des services, encourager l'ouvrier au travail à forfait, ce qui peut lui permettre, moyennant un prix de base bien établi, d'augmenter son salaire par un travail plus soutenu, guidé par l'appât d'un gain plus élevé.

Pour résoudre toutes ces questions si graves, vitales, pourrions-nous dire, on peut proposer de nombreux moyens; mais, quels qu'ils soient, ils resteront tous stériles et vains s'il n'y a pas entre tous les intéressés une entente absolue.

Les efforts isolés sont méritoires, certes, ils sont des plus utiles et indiquent souvent le bon chemin; mais c'est seulement en s'unissant et en s'entendant que l'on pourra résoudre largement et promptement tous ces graves problèmes, dont la solution est urgente.

Quant à nous, confiants dans un avenir que nous voulons plus heureux pour tous, nous saluons la renaissance de l'Agriculture, le retour aux champs, et nous formons le vœu que lors des prochaines Assises de Caumont, à Rouen, les efforts intelligents et les sacrifices de nos agriculteurs ayant réussi à dissiper tous les nuages, le Rapporteur d'alors puisse vous faire un tableau enchanteur et vrai de cette vie aux champs, vous montrant qu'elle est non seulement indépendante et poétique, mais aussi, comme le demande avec raison M. Bignon, qu'elle est en même temps prospère et riche.

Le Mouvement Agricole
dans l'Ouest de la France et la Normandie

Loir-et-Cher, Maine-et-Loire
Sarthe, Mayenne, Calvados, Manche, Orne, Eure
et Seine-Inférieure

Messieurs,

A tâche que vous avez bien voulu nous faire l'honneur de nous confier ne saurait sans doute jamais être remplie de façon absolument complète. Établir le bilan agricole d'un seul département, préciser l'importance de ses diverses productions, détailler les méthodes nouvelles dont la mise en œuvre permet d'améliorer et d'augmenter ces productions, bref décrire le mouvement agricole dans toutes ses manifestations et ses répercussions pour ce département, constitue déjà une œuvre considérable qui nécessite de longues recherches et de patients travaux. Mais en présence de la circonscription si étendue visée par M. Arcisse de Caumont dans le testament qui trace le programme de ces Assises, les Rapporteurs se trouvent obligés soit de limiter leurs études à quelques questions bien déterminées, soit de restreindre leurs enquêtes à une partie seulement de cette vaste région.

Avant nous, bien d'autres Rapporteurs ont déjà sollicité l'indulgence du Congrès devant lequel ils se présentaient, et la plupart d'entre eux ont fait porter leurs travaux exclusivement sur la Normandie.

Préoccupés des besoins nouveaux que la situation économique a créés à l'Agriculture, nous avons cru devoir étudier plus spécialement l'organisation, le fonctionnement, le rôle des principales Associations agricoles et les résultats qu'elles ont obtenus au cours de ces dernières années, sans négliger pourtant les caractères généraux des milieux dans lesquels ces Associations sont appelées à rendre leurs services.

Ce choix nous a amenés naturellement à suivre une ligne de conduite quelque peu différente de celle de nos prédécesseurs. Pour mieux apprécier l'influence des Associations sur les progrès de l'Agriculture, il convenait de les étudier dans les neuf départements que M. de Caumont a entendu intéresser aux travaux de ces Assises. Nous l'avons fait et avons même apporté une attention toute particulière aux départements de la vallée de la Loire et du Maine, où s'épanouissent dans toute leur splendeur quelques-unes des formes d'association les plus indispensables à l'Agriculture.

L'ordre suivi dans ce Rapport marque les étapes successives parcourues à l'occasion de notre enquête. Les départements les plus éloignés ont été visités les premiers, avec le vif désir de retenir les méthodes spéciales qui y ont fait leurs preuves et qui pourraient être adoptées avec succès en Normandie. Nous avons cru répondre ainsi à l'une des pensées de M. de Caumont, et nous serions très heureux d'avoir apporté une modeste contribution à la grande œuvre qu'il a fondée.

Loir-et-Cher

Département essentiellement agricole, le Loir-et-Cher a la bonne fortune, trop rare à l'heure actuelle, d'être épargné par l'exode rural. Sans doute la densité de la population y est très faible; elle n'atteint pas 44 habitants au kilomètre carré et demeure ainsi bien au-dessous de la moyenne générale. Du moins, au cours du xixᵉ siècle, l'augmentation a été régulière, surtout pour la Sologne, qui fut longtemps l'une des régions les moins peuplées de la France, et aujourd'hui, tandis que les campagnes normandes, du Pays de Bray au Perche, se dépeuplent de façon si lamentable, le Loir-et-Cher conserve à peu près toute l'avance acquise pendant le siècle dernier. Seuls, les cantons beaucerons du département se plaignent de la rareté de la main d'œuvre agricole.

Malgré son caractère foncièrement rural, le département ne s'impose pas tout d'abord dans une revue de la France agricole. La raison en est sans doute que, situé aux confins de plusieurs provinces et composé de régions d'origine géologique absolument distincte, il manque d'homogénéité et ne présente pas de type nettement caractérisé. Il mérite pourtant de retenir l'attention autrement que par les grandioses monuments que la Renaissance a laissés dans les Vallées de la Loire et de ses affluents et qui font l'admiration des touristes ; ses laborieux cultivateurs ont su placer ses campagnes au nombre des mieux exploitées de la France.

La Loire le divise en deux parties de surfaces sensiblement égales. Au nord du fleuve, les plateaux de la Basse-Beauce, que l'îlot sablonneux de la forêt de Marchenoir sépare de la Beauce proprement dite, étendent jusqu'au Loir leurs épaisses assises calcaires, recouvertes d'un fertile diluvium, propice surtout à la pousse des céréales. Ici, comme en Eure-et-Loir, la culture a fait de grands progrès et les rendements se sont largement élevés ; aussi les besoins du pays, avec sa population clairsemée, laissent-ils une grande marge à l'exportation, et quantité de céréales sont dirigées vers la Capitale.

Dans la Beauce de Loir-et-Cher

Au sud de la Loire, la Sologne étend à l'infini, en plaines de relief insensible, ses sables argileux dépourvus de toute trace de calcaire. Autrefois, le pays était désolé et malsain, couvert d'une multitude d'étangs, plus de 1.000 dans le seul arrondissement de Romorantin ; c'était, à coup sûr, l'une des régions les plus improductives de France. D'intelligentes initiatives ont montré la route à suivre, et une transformation complète s'opère. Des plantations de résineux s'étendent, réparant le mal qu'avait fait un déboisement irraisonné Un drainage méthodique est commencé, le desséchement des eaux stagnantes se poursuit, le nombre des étangs est réduit au cinquième à peine de ce qu'il était, la chaux réchauffe les terres acides et leur permet de se prêter à toutes les cultures, même à celles des légumes de pleine terre, devenues l'une des spécialités des environs de Romorantin.

Dans la partie septentrionale du département, au-dessus de la rivière du Loir, un coin de Normandie apparaît avec le Perche Vendômois, bocager et pittoresque. L'herbage s'étend, les arbres fruitiers prospèrent, surtout le pommier à cidre, dont les plantations se multiplient, tandis que se montrent également les cultures ordinaires de Beauce. C'est le centre de l'élevage du Loir-et-Cher, l'un des berceaux de l'excellente race percheronne.

Entre ce Perche bocager, les vastes et monotones plateaux de la Beauce et les plaines de Sologne entrecoupées de bois et d'eaux, les vallées n'occupent pas des surfaces bien importantes. Le val de la Loire, pour sa part, est infiniment plus resserré qu'en amont, dans le Loiret, et surtout qu'en aval, en Indre-et-Loire ; il ne présente guère plus de 3 kilomètres de largeur, en moyenne. Profondément creusées dans les couches crayeuses, les vallées du Cher et du Loir ne montrent pas plus d'ampleur. Cependant, ces différentes vallées tiennent une grande place dans l'économie rurale du département ; les vignes en ont pris possession et les ont mises en valeur. La reconstitution du vignoble de Loir-et-Cher s'est effectuée, en effet, de façon très rationnelle ; on n'y a point commis ces erreurs dont les vignerons du Midi paient aujourd'hui si cruellement les conséquences, et la crise viticole passe sans laisser de traces profondes.

Les productions animales de Loir-et-Cher ne sont pas à dédaigner, bien qu'elles ne présentent pas, à beaucoup près, l'importance qu'elles atteignent dans les huit autres départements. Mais les éleveurs ont su trouver leur voie, et ils ont nettement orienté leurs spéculations.

Avec l'espèce chevaline, la chose était toute simple. De longue date, la belle race percheronne a été fort bien représentée dans la partie septentrionale du département, où les foires de Vendôme et de Mondoubleau ont grande et vieille réputation, et elle n'avait aucune concurrence à craindre. En fait, elle reste seule en possession du pays. Le Blaisois produit bien quelques demi-sang, mais ce n'est qu'une infime exception, et les trotteurs de l'Administration des Haras doivent céder le pas aux étalons « rouleurs » de gros trait.

Pour l'espèce bovine, au contraire, la situation a laissé longtemps à désirer ; les fermes n'entretenaient que des animaux métis de médiocre valeur. Aujourd'hui la race normande a refoulé devant elle les autres populations bovines et compte la presque totalité de l'effectif du département. C'est même de ce côté, en dehors des cinq départements normands, que la race a gagné le plus de terrain.

Comme partout, les moutons, fort nombreux il y a quelque 50 ans, ont rétrogradé de façon sensible ; pourtant leur effectif reste imposant, quatre fois plus fort en tout cas que celui d'un département de Basse-Normandie, tel que le Calvados. Les plaines sèches de la Beauce entretiennent encore quantité de beaux troupeaux, mais le dishley mérinos tend à y supplanter de plus en plus le mérinos pur. Tandis que le mouton solognot reste surtout cantonné dans son pays d'origine, une nouvelle race métisse voit son succès se confirmer : c'est la coquette race charmoise, qui, précisément, a pris naissance en Loir-et-Cher et compte dans ce pays, si riche en domaines seigneuriaux, plusieurs troupeaux d'élite entretenus par de gros propriétaires fonciers.

* * *

Quand on étudie l'économie rurale de cet intéressant département, on trouve de suite une explication à cette marche en avant si satisfaisante, à ces progrès agricoles qui se déroulent avec une méthode si remarquable. Le Loir-et-Cher est une des régions de notre pays où s'épanouit le mieux la Mutualité Agricole.

En Sologne

Une ferme aux environs de Romorantin

Le départ du troupeau pour le pâturage

Cette année même, il y a quelques mois à peine, deux grandes manifestations ont mis en relief de façon superbe la puissance de la Mutualité Agricole en Loir-et-Cher. Le 5 juillet, plus de 5.000 cultivateurs, venus de tous les points du département, s'empressaient à Blois pour fêter, sous la présidence du Ministre de l'Agriculture, le 25ᵉ anniversaire de leur Syndicat Agricole, l'un des tout premiers de France par le nombre de ses adhérents et l'importance de ses affaires, et aussi par la perfection et la puissance de son organisation. A la même époque — du 1ᵉʳ au 5 juillet — au château de Blois, dans cette somptueuse Salle des Etats où les rois de France présidèrent tant de brillantes Assemblées, un Congrès de Crédit Agricole réunissait les délégués des principales régions agricoles ; là encore, la Caisse régionale de Crédit Mutuel Agricole du Loir-et-Cher s'est détachée à l'un des premiers rangs et accuse, après 4 ans seulement de fonctionnement, des résultats que peuvent lui envier les Sociétés analogues de bien des départements plus favorisés par leurs ressources naturelles.

* * *

Le Syndicat de Loir-et-Cher se proclame le plus ancien Syndicat Agricole de France ; il a été créé le 7 juillet 1883, c'est-à-dire 8 mois avant le vote de la loi sur les Syndicats professionnels.

A cette époque, en Loir-et-Cher, comme dans tant d'autres régions, le commerce des engrais était l'objet de fraudes éhontées. Le préjudice causé annuellement à l'Agriculture du département s'élevait à plus de 300.000 francs, du fait seul de la falsification des engrais et sans tenir compte des conséquences indirectes qui en résultaient. En 1881, à la suite de fautes particulièrement grossières, le Parquet s'émut et traduisit des négociants en Police correctionnelle pour tromperie sur la qualité de la marchandise vendue, mais les Tribunaux acquittèrent les prévenus. « Ce fut, a dit le promoteur du Syndicat de Loir-et-Cher, M. Tanviray, la goutte d'eau qui fait déborder le vase. Si, dans un pareil cas, les Tribunaux sont impuissants à protéger la culture, il faut chercher ailleurs un remède, un préservatif. Nous avons cru le trouver dans l'Association. » Au début de 1883, une petite brochure ayant pour titre : *Syndicat des Agriculteurs de Loir-et-Cher* (projet de création), et dans laquelle M. Tanviray expliquait le but et le fonctionnement du Syndicat, fut répandue dans les communes rurales du département. Le 7 juillet, les 200 cultivateurs qui avaient donné leur adhésion à la nouvelle Association se réunissaient en Assemblée générale constitutive. A la fin de l'année, plus de 800 sacs d'engrais avaient été achetés par l'entremise du Syndicat.

Le développement de l'Association fut rapide. En 1887, elle comptait déjà 1.800 adhérents et achetait 21.500 quintaux d'engrais ; en 1892, le nombre des sociétaires atteignait 3.040, le tonnage des marchandises livrées aux syndiqués s'élevait à 57.600 quintaux. Après cette marche forcée, pendant quelques années le Syndicat s'arrête un peu ; en 1900, les adhérents sont toujours 4.000, et leurs achats ne dépassent pas 60.749

quintaux de marchandises diverses. Mais depuis 1900, et surtout depuis 1902, — la progression se montre à nouveau aussi satisfaisante que possible. Le nombre des adhérents est de 5.102 à la fin de 1902, 7.375 en 1904, 9.814 en 1907, enfin de 10.724 au 15 septembre 1908. Le tonnage des marchandises passe de 73.665 quintaux en 1902 à 113.940 en 1905 et à 150.500 en 1907. La marche du Syndicat est donc actuellement plus brillante que jamais.

L'organisation qui a permis d'obtenir de pareils résultats mérite d'être étudiée. Ce n'est, du reste, qu'après de multiples modifications et depuis ces dernières années seulement, qu'elle a été mise au point. Actuellement, elle paraît des plus pratiques et offre pour les cultivateurs le maximum de facilités.

L'élevage du dishley-mérinos en Loir-et-Cher

Un bélier du troupeau de M. L. Gousser, à Meslay, près Vendôme

Tout d'abord, en ce qui concerne les livraisons, les adhérents du Syndicat du Loir-et-Cher ont le choix entre deux procédés : ou recevoir directement à leur gare les wagons complets expédiés par les usines productrices, ou prendre à un dépôt du voisinage, à tel moment et par telles quantités à leur convenance, les matières premières dont ils ont besoin. Suivant le cas, le prix diffère. Il est moindre naturellement par wagon complet et quand le produit n'a pas subi de magasinage ; il comporte une majoration dans le second cas, majoration qui est en général de 0 fr. 25 à 0 fr. 50 par sac. Les prix sont, du reste, donnés d'avance, au commencement de chaque campagne, par le *Bulletin* du Syndicat, et le cultivateur reste ainsi juge d'apprécier ce qui est le plus avantageux et le plus commode pour lui.

A côté de ses bureaux, le Syndicat possède à Blois un vaste dépôt central, parfaitement aménagé. C'est de beaucoup le plus important et le seul aussi qu'il gère directement, avec celui de Romorantin, installé dans des locaux pris en location. Quant aux autres dépôts, au nombre de 54, répartis dans les principaux centres du département, le Syndicat n'entre pour rien dans les frais de leur gestion. Ces frais sont mis à la charge du directeur du dépôt, et c'est la petite majoration de 0 fr. 25 par quintal, abandonnée à son profit, qui doit le rémunérer de ses services et le dédommager de toutes ses dépenses : location des locaux, camionnage depuis la gare la plus proche, conservation et livraison des marchandises, tenue de la comptabilité et encaissement des sommes dues au Syndicat.

Cette dernière partie de la tâche du dépositaire facilite singulièrement le fonctionnement des services du Syndicat. Il est vrai que d'importantes simplifications ont été apportées aux écritures et aux encaissements. Le Syndicat de Loir-et-Cher n'admet plus que deux dates de règlement par saison : le 30 avril et le 30 juin, pour toutes les fournitures de printemps ; le 31 octobre et le 31 décembre, pour celles de l'automne. Ainsi, ce qui est livré au début de janvier ne doit être payé que fin avril, tout comme les fournitures du courant d'avril, et à un prix absolument identique.

Ce système comporte deux avantages essentiels : d'abord, une simplification considérable de la comptabilité et des règlements ; ensuite, les adhérents se trouvent incités à commander à l'avance les engrais, les semences et les autres marchandises dont ils ont besoin, puisque l'époque de paiement reste invariable et qu'il n'y a pas un centime de plus à débourser. Pour qui connaît les préjudices considérables trop souvent causés aux agriculteurs par les retards de livraison des engrais ou des semences, cela présente une importance de premier ordre.

Mais, dira-t-on, tous les paiements sont-ils bien effectués aux échéances, entre les mains des dépositaires ? La valeur des marchandises livrées aux syndiqués au courant d'une année dépassant maintenant 2 millions de francs, il est évident que des retards dans les paiements occasionneraient des ennuis et une perte importante au Syndicat, ne fût-ce que les intérêts des sommes considérables ainsi engagées.

Il ne se présente aucune difficulté de ce côté. Les paiements s'entendent nets, sans aucun escompte, aux échéances convenues, et avant ces dates de fin avril, fin juin, fin octobre et fin décembre, tous les adhérents ont été débités de leurs achats et invités à en verser le montant, le moment venu, aux dépositaires. Le plus grand nombre s'acquittent très exactement, le plus souvent quelques jours avant l'échéance. Quant à ceux qui désirent des délais, ils savent que ces délais leur sont accordés à raison de 1 0/0 par trimestre, soit 4 0/0 l'an. Après les échéances, de nouvelles factures sont établies pour les marchandises non payées, et elles sont renouvelées de trimestre en trimestre jusqu'à ce que l'acheteur

Panorama de la Ville de Blois

La Rive droite de la Loire *(Vue prise du Faubourg de Vienne)*

s'acquitte. Cependant, il y a une limite. Au bout de l'année une traite est tirée sur l'acheteur et présentée à son domicile ; le recouvrement en serait poursuivi par tous moyens de droit, le cas échéant. Les traites ainsi établies ne sont pas nombreuses, une centaine environ par année. Le nombre en ira plutôt en diminuant rapidement, le Syndicat préférant hâter le remboursement de ce qui lui est dû, quitte à pousser les adhérents en retard à recourir au Crédit Agricole.

Les dépositaires du Syndicat sont toujours des personnes des plus honorables, le plus souvent des négociants qui profitent de leurs relations avec les sociétaires pour leur vendre des marchandises, en dehors des matières premières dont la garde leur est confiée par le Syndicat. Le poste de dépositaire est donc très recherché, et le Syndicat ne le donne qu'à bon escient, son intérêt étant de disposer de collaborateurs de tout repos.

Du reste, les opérations des dépositaires sont suivies de près. Au cours de l'exercice semestriel, chaque directeur de dépôt est débité au prix net (c'est-à-dire déduction faite de la petite majoration qui représente sa rémunération et le remboursement de ses débours) de toutes les marchandises qu'il a demandées pour être cédées aux adhérents du rayon. A la fin (30 juin ou 31 décembre), il doit verser les fonds encaissés et faire connaître les quantités de marchandises restées en magasin, ainsi que les factures qui n'ont pas été acquittées ; le bilan se trouve ainsi établi régulièrement deux fois par an. La vérification des stocks en magasin est facile, comme celle des fournitures non payées à l'échéance normale, car le Bureau du Syndicat envoie de suite des notes aux adhérents qui ont besoin de délais, afin de confirmer l'accord à ce sujet.

Il reste à savoir comment le Syndicat de Loir-et-Cher se procure les fonds nécessaires pour ses services d'entremise et pour les avances en marchandises consenties à ses adhérents.

Avant 1902, alors qu'il avait recours au système des adjudications, il trouvait déjà d'excellentes conditions pour les achats, par suite des quantités considérables qu'il parvenait à grouper. Depuis, les adjudications ont été supprimées, à cause des inconvénients considérables qu'elles présentaient, inconvénients que connaissent bien tous les administrateurs de Syndicats, et pleins pouvoirs ont été donnés au Président et au Directeur « pour acheter au mieux toutes les marchandises dont les adhérents ont besoin, et pour traiter de gré à gré toutes les fournitures au moment jugé le plus importun ». Mais en même temps le Crédit Agricole a été organisé et, grâce à lui, le Syndicat de Loir-et-Cher peut désormais non seulement procéder à ses achats par lots très importants et au moment le plus favorable, mais encore il paie toutes ses fournitures au comptant, ce qui est le seul moyen d'obtenir les conditions les plus réduites.

****

La première Société de Crédit Mutuel Agricole de Loir-et-Cher a été créée à Blois, le 19 juillet 1902, au capital de 50.000 francs, entre 152 cultivateurs, et affiliée à la Caisse régionale de Chartres.

Dès le début du fonctionnement de cette Société locale, le Syndicat de Loir-et-Cher s'en servit pour ses opérations, en vertu des dispositions de la loi du 5 novembre 1894, qui, par son art. 1er, a décidé que les « Sociétés de Crédit Agricole peuvent se charger, relativement aux opérations concernant l'industrie agricole, des recouvrements et des paiements à faire pour les Syndicats professionnels agricoles et pour les membres de ces Syndicats ».

La Société locale de Crédit Agricole de Blois est donc devenue en quelque sorte le banquier du Syndicat. C'est par son intermédiaire que ce dernier se procure tous les fonds nécessaires au paiement des marchandises qu'il achète pour le compte de ses adhérents.

Grâce à l'impulsion puissante donnée par le Syndicat, le Crédit Agricole a fait de rapides progrès en Loir-et-Cher. Dès 1903, le département ne restait plus tributaire de la Caisse régionale Agricole de Chartres : une Caisse régionale était créée à Blois le 12 décembre 1903, et des Sociétés locales s'établissaient peu à peu dans tous les cantons. A la fin de 1907, on comptait en Loir-et-Cher 25 Sociétés locales, groupant 2.295 cultivateurs et disposant d'un capital social de 264.475 francs, sans oublier un fonds de réserve de 33.000 francs. De son côté, la Caisse régionale de Blois établissait son bilan comme suit, à la même époque : capital social versé, 256.800 francs ; avances de l'Etat, 1.200.000 francs ; fonds de réserve, plus de 41.000 francs. Le montant des prêts est passé de 612.000 francs pour l'exercice 1902 à 3.900.000 francs pour 1907.

Ces progrès continuent. Sans doute, le nombre des Sociétés locales n'augmentera plus beaucoup, de 5 à 6 tout au plus, car le Loir-et-Cher n'a que 23 cantons et possède déjà 26 Sociétés, en septembre 1908 ; or, les promoteurs du mouvement estiment qu'une Société suffit par canton, avec quelques Sociétés supplémentaires pour certaines communes isolées. Mais le nombre des adhérents va grossir rapidement, comme celui des prêts. L'élan est donné, le mécanisme est vulgarisé dans tout le département, et les agriculteurs ne se feront pas faute d'en profiter.

Le crédit fonctionne de deux façons différentes : en avances marchandises, par l'intermédiaire du Syndicat, et en prêts espèces consentis directement aux adhérents des Sociétés locales. Le Syndicat est affilié à la Société locale de Blois, à laquelle il a versé 12.500 francs, somme égale à celle qu'il a versée d'autre part à la Caisse régionale de Loir-et-Cher. Tous les agriculteurs de Loir-et-Cher, adhérents du Syndicat, peuvent bénéficier par son intermédiaire des avances en marchandises, qu'ils soient ou non affiliés personnellement à une Société locale. La Société de Blois, qui groupe toutes les affaires du Syndicat et ses avances marchandises, est donc de beaucoup la plus importante : les autres s'occupent seulement des prêts en espèces, que celle de Blois pratique également dans son canton.

En fait, le chiffre des avances en marchandises l'emporte encore de beaucoup sur celui des prêts en espèces. Dans les opérations de l'année 1907, les premières entrent pour 2.088.000 francs, et les prêts en espèces pour 848.000 francs. Toutefois, ces derniers se développent vite, car ils montent déjà à 869.000 francs pour les 8 premiers mois de 1908, et une seule Société, celle du canton de Montrichard, a effectué pour son compte, dans ces 8 mois, 1.134 prêts en espèces, s'élevant au total de 190.000 francs.

La cour intérieure
Les bureaux
L'entrée des magasins

Rue Franciade
Les magasins
La maison du directeur

A BLOIS
—
Le Syndicat
des Agriculteurs
de Loir-et-Cher

Le mécanisme des opérations est très simple. Chaque emprunteur envoie une demande écrite au Secrétaire de la Société locale, et celui-ci prend l'avis de l'Administrateur habitant la commune de l'emprunteur. Des formulaires imprimés sont utilisés pour ces demandes et ces renseignements, ce qui facilite d'autant la correspondance. Dès que l'Administrateur-Délégué en a donné l'autorisation, sur le vu des renseignements fournis et, au besoin, après avoir exigé une caution, le Secrétaire de la Société réalise le prêt et établit l'effet qui doit être escompté par la Caisse régionale. Au moment de l'échéance, au bout de 3 mois, de 6 mois le plus souvent, l'effet n'est pas présenté au domicile de l'emprunteur, mais celui-ci doit en verser le montant entre les mains du Secrétaire de la Société locale ; la date de remboursement est simplement rappelée à l'emprunteur une huitaine à l'avance par une note de la Caisse régionale.

Le Secrétaire de la Société locale de Crédit remplit donc le même office que le dépositaire du Syndicat, en ce qui concerne les encaissements. Un certain nombre de dépositaires sont, d'ailleurs, en même temps secrétaires d'une Société de Crédit.

Quant à l'intérêt exigé des emprunteurs, il est très réduit. Les Sociétés locales prêtent à 3 1/2 0/0 l'an, le Syndicat bénéficie même d'un traitement de faveur et ne paie que 3 0/0. De son côté, la Caisse régionale escompte à 2 0/0 seulement, grâce aux avances gratuites de l'Etat, les effets qui lui sont présentés par les Sociétés locales ; celles-ci conservent donc un intérêt de 1 0/0 l'an sur les prêts consentis, déduction faite du 1/2 0/0 abandonné aux sociétaires pour la rémunération de leurs services. C'est là, on le voit, des conditions tout à fait exceptionnelles, et vraiment les cultivateurs du Loir-et-Cher trouvent dès maintenant, de ce côté, grâce à leur Syndicat départemental et aux Sociétés de Crédit Agricole qu'il a organisées, des facilités tout à fait remarquables, tout aussi grandes qu'il est permis de le désirer.

∗_∗

Si l'Office d'entremise pour les achats et l'organisation du Crédit Agricole ont retenu plus particulièrement les soins du Syndicat de Loir-et-Cher, son activité vigilante ne s'est pourtant pas désintéressée des autres questions, et il rend tous les jours une foule de services à ses adhérents. Ainsi, il s'est occupé avec plein succès de la vente des produits de la ferme, notamment à son dépôt de Romorantin, d'où il expédie sur les halles de Paris de fortes quantités d'asperges, de petits pois et de haricots verts ; il a organisé une dizaine de Syndicats d'outillage agricole, ayant surtout en vue le battage des grains.

Un *Bulletin* bimensuel, envoyé gratuitement aux adhérents, continue à propager les idées de coopération et de mutualité dans ce milieu si bien préparé à les recevoir. C'est le levier puissant par lequel le Syndicat agit sur cette véritable armée d'agriculteurs qu'il a su grouper et qu'il dirige dans son œuvre féconde.

A côté de cette puissante Association des Agriculteurs de Loir-et-Cher, il existe d'autres Syndicats Agricoles dans le département. Un Rapport présenté au Conseil Général, à l'occasion de la dernière session, en fixe le nombre à 30, qui groupent ensemble 6.211 cultivateurs. Il est vrai que l'influence et l'activité de ces petits Syndicats secondaires, créés surtout de 1893 à 1900, tendent plutôt à diminuer ; au cours de l'année 1907, ils n'ont pas réussi à faire plus de 524.000 francs d'affaires, le quart à peine du chiffre atteint par le seul Syndicat des Agriculteurs de Loir-et-Cher.

∗_∗

Bien que le Loir-et-Cher ne possède pas un cheptel important, les assurances mutuelles y sont assez nombreuses depuis quelques années. En 1887, le département comptait déjà 37 Sociétés assurant le bétail de 2.799 cultivateurs, pour une valeur de 978.000 francs. Au 1ᵉʳ juin dernier, il existait 103 Sociétés, groupant 7.283 cultivateurs et garantissant une valeur globale de 4.960.000 francs.

Le fonctionnement de ces différentes Sociétés locales varie quelque peu. Les unes exigent des primes fixes, depuis 0 fr. 50 0/0 seulement jusqu'à 1 fr. 50 et plus ; mais la plupart se contentent, après chaque sinistre, de procéder à une répartition entre tous les adhérents, de sorte que les cotisations changent d'une année à l'autre, suivant l'importance des pertes. De même, la proportion de l'indemnité diffère avec les Sociétés; elle s'abaisse parfois à 50 0/0 de la valeur assurée, et monte le plus souvent à 75 et 80 0/0.

En somme, il serait désirable de constater plus d'uniformité et d'adopter tout au moins des bases communes. Cette mesure, préconisée à différentes reprises, deviendra nécessaire pour l'organisation de la réassurance. A l'heure actuelle, celle-ci ne fonctionne pas encore, car l'Union des Sociétés locales d'assurance contre la mortalité des chevaux de l'arrondissement de Vendôme ne compte guère avec les 89.000 francs qu'elle réassure. Mais le Syndicat des Agriculteurs de Loir-et-Cher se préoccupe de la question. Déjà, il a élaboré des Statuts types et il se montre tout disposé à prendre l'initiative d'une Caisse départementale de Réassurance, et au besoin à consentir un certain sacrifice pour faciliter, au moins dès le début, le parfait fonctionnement de cette réassurance.

***

A l'inverse de ce qui se passe en général dans le centre de la France, le Loir-et-Cher ne possède qu'un petit nombre de Sociétés d'Agriculture. C'est à peine s'il faut retenir : l'Association des Viticulteurs de Loir-et-Cher, le Comice de l'arrondissement de Blois, le Comice de l'arrondissement de Romorantin, la Société départementale d'Agriculture, deux Sociétés Horticoles et un Comité d'améliorations agricoles en Sologne.

La plus jeune de ces Sociétés, qui compte tout au plus 10 ans d'existence, l'Association des Viticulteurs de Loir-et-Cher, est aussi de beaucoup la plus active.

La reconstitution du vignoble de Loir-et-Cher n'est pas encore terminée ; sur les 27.000 hectares de vignes que possède le département, il reste encore plus de 10.000 hectares de vieilles vignes françaises, en partie phylloxérées et qu'il faudra reconstituer en même temps que les 14 à 15.000 hectares autrefois plantés et qui ont fait momentanément retour aux cultures ordinaires.

L'Association des Viticulteurs s'occupe tout spécialement de faire connaître les bons vins des 4 régions viticoles du département — coteaux du Cher, du Loir et de la Loire, et Sologne — et dans ce but elle participe chaque année, avec un certain éclat, à côté de ses puissantes émules des principaux centres viticoles de la France, au Concours général Agricole de Paris, qui est devenu, comme on le sait, une sorte de grande foire aux vins.

Les Comices de Blois et de Romorantin organisent, chacun dans sa circonscription, un Concours annuel ; mais, en réalité, ils ne montrent pas une bien grande activité, et les chiffres mêmes de leurs sociétaires, 180 et 210, ne témoignent pas d'une vitalité très brillante. D'ailleurs, le Comice qui fonctionnait dans le 3ᵉ arrondissement, celui de Vendôme, le plus riche assurément et le mieux pourvu d'animaux de ferme, a disparu depuis quelques années, son Bureau ayant estimé que les services rendus étaient insignifiants. Quant à la Société départementale d'Agriculture de Loir-et-Cher, son but étant de servir de lien entre les différents Comices d'arrondissement, il ne faut pas s'étonner si elle ne fait guère parler d'elle.

Il y a certainement là une lacune, et, exception faite pour l'Association des Viticulteurs, il est bien permis de dire que ces Sociétés d'Agriculture, ces Comices, ne répondent plus aux exigences de l'Agriculture d'un département tel que le Loir-et-Cher. Le plus curieux, c'est que, pourtant, l'Agriculture et l'élevage du département sont entrés dans une phase particulièrement prospère. Les services inestimables rendus par le Syndicat des Agriculteurs de Loir-et-Cher n'en ressortent que plus brillamment, car c'est bien lui, de toute évidence, qui pare à tous les besoins, à toutes les exigences, et qui assure en Loir-en-Cher cette excellente direction et ces rapides progrès que tant d'autres départements pourraient si justement envier.

Maine-et-Loire

L'Anjou, qui a formé le département de Maine-et-Loire, ainsi que le sud de la Mayenne et de la Sarthe, jouit d'une très bonne réputation. La douceur de son climat, la fécondité de son sol, l'excellence de certains de ses produits, et jusqu'aux grandes qualités de ses habitants, ont été célébrées à maintes reprises. Ces dons naturels et ces mérites sont en grande partie justifiés.

Ainsi, le climat angevin est bien particulier. L'Océan est assez proche pour faire sentir son influence régulatrice, pas assez proche cependant pour que les brumes et les bourrasques qu'il occasionne le long de ses côtes n'aient eu le temps de se dissiper avant d'atteindre ce pays. Les gelées sont assez rares, jamais fortes ; les camélias, le palmier et le magnolia passent l'hiver en pleine terre sans abri. A l'hiver doux et pluvieux succède un été sec et chaud. La température moyenne de l'Anjou est, en somme, sensiblement plus élevée que celle des régions environnantes. Toutefois, on observe d'assez grandes variations entre des cantons voisins, car l'exposition joue un grand rôle, et certaines vallées se trouvent de ce fait infiniment plus favorisées que les plateaux qui les bordent.

Dans l'ensemble, le sol ne manque pas de qualités, sans être d'une richesse exceptionnelle. Une rapide étude géologique en fournit l'explication. Du Nord au Sud, et plus exactement en suivant le cours de la Sarthe et une ligne tirée d'Angers à son extrémité Sud-Sud-Est, le département de Maine-et-Loire se trouve partagé en deux régions distinctes. La partie occidentale, les deux tiers de la surface totale, avec les arrondissements de Segré, d'Angers et de Cholet, appartient aux formations armoricaines. Le granit et surtout les schistes y dominent et ont donné des terres assez imperméables et sillonnées d'eaux courantes. Dans la partie orientale, c'est-à-dire dans les arrondissements de Baugé et de Saumur, on trouve les formations crétacées et tertiaires du bassin parisien, toujours plus sèches, mais à terrains de fertilité très variable, allant du bon au médiocre, des riches terres du Saumurois aux maigres sables cénomaniens des environs de Baugé. Puis la Loire et ses principaux affluents, avec les épaisses couches alluviales déposées dans leurs vallées, ont constitué une troisième région d'origine géologique bien caractérisée.

A ces trois grandes formations correspondent les principales régions agricoles de Maine-et-Loire : le Bocage, la Plaine, la Vallée. Le Bocage a l'horizon tourmenté, les arbres nombreux, les fortes haies des paysages armoricains ou vendéens, dont il partage l'origine géologique. La région des Mauges en particulier, dans l'arrondissement de Cholet, ne diffère guère du vrai Bocage vendéen. Pays de petites fermes et de métairies, où les grands domaines eux-mêmes de 1.000 hectares sont partagés en exploitations de 15 à 20 hectares, de 30 à 40 hectares au plus, le Bocage constitue le type moyen du Maine-et-Loire agricole. Dans les meilleures terres des environs de Segré, le rendement du blé atteint de 30 à 40 hectolitres par hectare et le loyer du sol s'élève à 80 et 100 francs, tandis qu'il reste de 50 à 70 francs au pays de Cholet. La Plaine embrasse tout l'arrondissement de Saumur et s'étend aux parties du Baugeois où n'affleure pas l'argile à silex, dont les plus forts îlots restent occupés par les rares grandes forêts du département. Malgré les améliorations physiques qui ont modifié complètement la production des terrains siliceux de l'arrondissement de Baugé, la rente du sol se tient dans cette région entre 30 et 45 francs de l'hectare, ce qui ne témoigne pas d'une bien grande prospérité agricole. Tout autre est la Vallée, la partie vraiment fertile, tout à fait privilégiée, de Maine-et-Loire.

Les riches alluvions déposées sur les bords de la Sarthe et dans la vallée de la Loire sont des terrains de transport d'une origine très distincte de celle des formations géologiques de la région. Il faut surtout les apprécier en amont de Pont-de-Cé, dans cette partie où le Val de

Loire s'élargit jusqu'à la petite rivière d'Authion qui, pendant plus de 40 kilomètres, poursuit parallèlement au fleuve son cours paresseux. Dans ces terres profondes, chaudes et très poussantes, toutes les cultures réussissent. Les prairies qui les occupaient autrefois ont été défrichées pour laisser la place à des productions plus rémunératrices. D'Angers à Saumur, ce ne sont plus maintenant que chenevières et cultures de plantes à parfums et de plantes médicinales, ou encore cultures spéciales faites pour les grandes maisons de graines et pépinières où viennent s'approvisionner les horticulteurs d'Angers pour leurs exportations en Amérique. Sous la direction des agents des Maisons de Paris et de l'Allemagne Centrale, la production des graines de fleurs et de plantes potagères a pris une grande extension et donne des résultats remarquables. Il faut beaucoup de soins et de main-d'œuvre, mais le sol est très morcelé, les fermes grandes au plus de 7 à 8 hectares, et les produits sont tels que la location a pu monter jusqu'à 400 francs par hectare.

En dehors de cette région exceptionnelle qu'on dénomme Vallée d'Anjou, Maine-et-Loire reste un pays grand producteur. Ce vaste département, l'un des plus grands de France et qui, avec ses 712.000 hectares, dépasse de loin le Loir-et-Cher, la Seine-Inférieure et l'Orne, les plus étendus des huit autres départements qui font l'objet de nos études, ne compte que fort peu de forêts et de terrains incultes. Aussi la surface libre pour la culture est-elle énorme, et avec l'assolement triennal le blé occupe des emblavures considérables. La statistique agricole de 1906 attribuait à cette céréale tout près de 150.000 hectares, classant à ce point de vue le Maine-et-Loire au premier rang de nos départements, avant même l'Aisne et le Pas-de-Calais.

Si l'Anjou est un pays à blé comme la Haute-Normandie, il s'en différencie de suite par ses autres cultures. C'est ainsi que l'avoine — représentée surtout par des variétés d'hiver — n'occupe qu'un rang tout à fait secondaire, avec des surfaces quatre fois moindres que celles du blé, inférieures de moitié déjà à celles du seigle. Par contre, au milieu des cultures fourragères, apparaît une plante, le chou cavalier, presque ignorée en Normandie, et qui joue dans Maine-et-Loire, comme chez ses voisins du Sud, la Vendée et les Deux-Sèvres, un rôle économique capital. D'abord, parce que c'est une ressource précieuse pour le bétail. Sous ce climat à hiver doux et pluvieux, la végétation du chou cavalier se poursuit presque d'une manière continue pendant la saison froide ; cette plante fournit des quantités énormes de fourrage récolté au jour le jour, au cours de la période de stabulation. C'est aussi une plante améliorante, à nombre de points de vue, ne serait-ce, à l'instar de certaines plantes industrielles, comme la betterave à sucre et le lin, qu'en poussant à l'emploi des engrais chimiques et des méthodes rationnelles de culture. En effet, le chou est avide d'acide phosphorique et profite de façon remarquable des engrais phosphatés ; il n'est plus guère de petits paysans de Maine-et-Loire qui négligent de lui apporter ces précieux adjuvants, et par là ils se trouvent entraînés peu à peu à utiliser les engrais de commerce sur les autres cultures.

Mais le plus beau fleuron de la couronne agricole de l'Anjou, c'est la vigne. Le vigneron angevin a très habilement évité l'erreur de ses

Au Champ de Foire d'Angers

Le marché aux bœufs — Le marché aux porcs

confrères du Languedoc, et aussi bien, sinon mieux que tout autre, il a conduit la reconstitution de son vignoble. Aujourd'hui, sa tâche est à peu près terminée. En dépit du phylloxéra, la vigne a constamment gagné du terrain en Anjou, depuis 25 ans. La statistique de 1906, la dernière que nous puissions consulter, a fixé à près de 34.000 hectares la surface des vignes en pleine production, et à plus de 51 millions de francs la valeur de la récolte de l'année, chiffre qui n'a été dépassé que par deux départements du Midi : la Gironde et l'Hérault.

Maine-et-Loire s'adonne autant à l'élevage qu'à la culture. Son troupeau est l'un des plus importants de France, et la Normandie elle-même, cette terre promise de l'élevage, ne compte que deux départements — la Manche et la Seine-Inférieure — qui possèdent un cheptel de valeur totale supérieure à celui de Maine-et-Loire. Est-ce à dire que l'Anjou ait réalisé toutes les améliorations désirables en matière d'élevage ?

Si l'on se reporte à 50 ans en arrière, les progrès ne sont pas douteux. A partir du milieu du XIXe siècle, avec la construction des routes, l'emploi de la chaux s'est généralisé dans toutes les terres schisteuses et acides du Bocage angevin, et par suite la culture des plantes fourragères : choux, betteraves, trèfles, a pu être faite sur une large échelle et tripler au moins les ressources alimentaires de la ferme. Le nombre des animaux a augmenté en conséquence ; les bovidés surtout se sont multipliés.

Mais, depuis, le nombre des animaux est resté par trop la préoccupation dominante. L'idéal, pour la plupart des petits fermiers et des métayers, qui forment la masse des exploitants du sol, c'est de pouvoir entretenir une tête de gros bétail par hectare. Le veau est bien nourri, mais après son sevrage, souvent trop précoce, l'alimentation devient aussi défectueuse que possible, et les animaux souffrent. D'ailleurs, les méthodes de reproduction laissent autant à désirer que l'alimentation ; la consanguinité est parfois poussée à l'extrème, et les animaux de la même ferme sont toujours accouplés entre eux, sans qu'on veuille recourir à des reproducteurs du dehors. Quant aux races, ce n'est pas tout à fait la même confusion qu'en Ille-et-Vilaine, mais aucun choix définitif n'est encore fait entre elles.

Le croisement durham-manceau, si réussi dans le sud de la Mayenne et de la Sarthe, aurait dû, semble-t-il, s'imposer dans tout le département et même refouler du Bas-Anjou au sud de la Loire les variétés dérivées de la race parthenaise. Il ne manque pas, certes, de bons troupeaux de durhams-manceaux dans le nord du département, notamment aux environs de Segré et de Châteauneuf-sur-Sarthe, et pourtant ce croisement n'a pas réussi partout, à beaucoup près. D'aucuns prétendent que le durham-manceau dégénère, et ils mènent campagne en faveur du charolais, qu'ils voudraient acclimater en Anjou. La lutte a été vive au courant de ces dernières années. Le charolais conserve ses partisans, tandis que le durham-manceau a vu grouper tous ses fidèles de Maine-et-Loire, de la Mayenne et de la Sarthe, en une puissante Société interdépartementale. Cependant d'autres races se propagent, la normande entre autres, recherchée surtout par les laitiers des environs immédiats d'Angers.

Relativement nombreuse, elle aussi, la population chevaline n'est guère plus homogène que le gros bétail. Le demi-sang a été à la mode, ainsi que dans tant d'autres régions ; mais devant les résultats très relatifs qu'il a donnés, on l'abandonne de plus en plus pour revenir au gros trait. Le porc est assurément l'animal dont l'élevage et l'entretien se trouvent le plus en progrès ; son effectif est nombreux, et il appartient presque exclusivement à la race craonnaise pure ou à ses dérivées.

L'Agriculture de Maine-et-Loire apparaît plutôt à une heure indécise de son histoire. De grands progrès ont été réalisés par la génération précédente ; elle a su transformer la production agricole et doubler le cheptel vivant. Mais l'élan s'est ralenti. A part l'heureuse reconstitution du vignoble et la magnifique extension des cultures spéciales de la Vallée d'Anjou, rien de marquant n'a été accompli depuis des années. Çà et là, de brillants exemples montrent les résultats qu'on peut obtenir dans les différentes branches de l'élevage et de la culture, mais la généralisation des bonnes méthodes n'est pas rapide. Ce grand et beau département si intéressant à tant de points de vue, a encore beaucoup à gagner. Son Agriculture peut-elle au moins compter dès maintenant sur une forte organisation de ses Associations professionnelles ?

**

A quelques pas de l'Hôtel de Ville, sur la Place-de-Lorraine, l'une de ces belles et nombreuses esplanades dont se trouve garnie la magnifique ceinture de boulevards d'Angers, se dresse un vaste et imposant immeuble où le Syndicat Agricole d'Anjou a groupé ses services généraux.

C'est une puissante Association, en effet, que ce Syndicat Agricole d'Anjou, qui, fondé le 24 novembre 1887, inscrivait sur ses registres, 20 ans plus tard, 6.960 adhérents. Ce nombre seul de sociétaires indique qu'il s'agit bien d'une grande Société étendant son influence au département entier. A côté de lui, il existe en Maine-et-Loire 24 autres Syndicats, mais ils ne sont en mesure de jouer qu'un rôle secondaire. Les uns bornent leur action à une commune ou à un canton, d'autres l'étendent à un arrondissement, et si l'on en excepte une association assez vivante, mais plus spécialement composée de viticulteurs, il ne reste guère plus de 2.200 sociétaires pour ces deux douzaines de petits Syndicats.

Une première constatation ressort de l'étude de l'organisation et du fonctionnement du Syndicat d'Anjou. Au lieu de se spécialiser surtout dans les services d'entremise pour l'achat et la vente, comme la plupart des Sociétés analogues, il étend son activité à toutes les questions concernant l'Agriculture ; du reste, son programme et même les notes qu'il communique aux annuaires ne manque pas de faire ressortir cette particularité.

Il n'est pas douteux qu'une spécialisation exagérée empêche les Syndicats de rendre tous les services que l'Agriculture est en droit d'en attendre. L'extrême opposé soulève d'autres inconvénients et, à trop éparpiller ses efforts, un Syndicat risque d'assurer de façon insuffisante les services matériels qu'avant tout leurs adhérents attendent de lui.

On ne saurait avoir que des impressions sur l'Office d'entremise du Syndicat d'Anjou. Depuis longtemps déjà, ce dernier ne publie plus le relevé annuel de ses opérations, et il se garde également de donner la moindre indication à ce sujet à qui que ce soit. On sait bien qu'à côté de son dépôt central d'Angers, il possède 60 dépôts secondaires dans les principaux centres du département, et que les opérations ressemblent fort à celles des Syndicats du Loir-et-Cher et de la Sarthe. Mais si les résultats obtenus sont satisfaisants, il n'est pas douteux non plus que les tonnages réalisés n'approchent pas ceux des Syndicats de la Vienne ou de la Sarthe. On ne sent pas dans le département une impulsion aussi forte, une propagande aussi active en faveur de l'emploi des engrais chimiques que dans ces régions voisines ; de ce fait, les rendements moyens ne s'élèvent pas aussi vite qu'il conviendrait.

Des essais de vente en commun n'ont pas été très heureux. En 1896, une Coopérative s'était constituée sous le patronage du Syndicat, en vue d'exporter vers le Centre et la Vallée du Rhône les excédents de blé que l'Anjou doit à la surface considérable qu'il consacre à la culture de cette céréale. Deux Sociétés ont été successivement fondées, et, l'une après l'autre, elles ont englouti leurs capitaux dans ces opérations.

L'activité des dirigeants de l'Association s'est reportée sur nombre de points : création de champs d'expériences et de pépinières syndicales, acquisition et location d'instruments perfectionnés, organisation de l'enseignement agricole et ménager à différents degrés, etc.... Il n'est pas, pour ainsi dire, de questions qui n'aient été abordées. D'importants résultats ont été obtenus, assurément, mais dans des domaines que les Syndicats laissent d'ordinaire aux Sociétés d'Agriculture.

✻

Dès 1902, le Syndicat d'Anjou a mis sur pied une Société locale de Crédit mutuel Agricole et l'a affiliée à la Caisse régionale d'Indre-et-Loire et de Maine-et-Loire, dont le siège social est à Tours. Les résultats sont restés à peu près insignifiants pendant les six premières années, car les prêts se bornaient à des avances sur récoltes. Pour 1907, le Rapport officiel a relevé en Maine-et-Loire deux Sociétés locales, groupant 52 adhérents et ayant consenti 56.700 francs de prêts dans l'année. Dans une région agricole aussi importante, où les métayers et les petits fermiers se comptent par dizaines de milliers, ces chiffres sont plutôt attristants.

Cependant, il semble qu'avec 1908 un mouvement ait commencé à se dessiner. Le Syndicat d'Anjou a donné plus d'extension aux opérations de sa Caisse, et celle-ci a vu son mouvement d'affaires monter d'un bond à la somme de 431.000 francs pour le premier semestre de l'année. De nouvelles Sociétés locales ont été créées, les unes par le Syndicat, les autres par les Sociétés mutuelles d'assurance, et le département, qui n'avait pas de Caisse régionale, en possède maintenant deux. Les capitaux de ces

Caisses sont encore bien faibles : 30.000 francs pour l'une, 11.000 francs pour l'autre ; mais du moins on peut avoir l'espoir d'assister au réveil des idées de mutualité, et de voir les agriculteurs se rendre compte enfin de la nécessité et des avantages du Crédit mutuel.

****

L'assurance mutuelle n'est pas trop solidement établie, non plus, dans cette région si riche en bétail ; les progrès en sont toutefois un peu plus rapides que ceux du Crédit Agricole. Jusqu'à la fin de 1898, il n'y avait en Anjou qu'une seule Société mutuelle d'assurance contre la mor-

Dans le bocage de Maine-et-Loire

A l'abreuvoir. — Bœufs et vaches Durhams-Mancreaux

talité du bétail. Les relevés de fin d'année en signalent 3 en 1899, 7 en 1902, 14 en 1905 et 34 en 1907, ces dernières assurant un capital de plus de 4.000.000 de francs, pour le compte de 3.282 cultivateurs.

Les bases de l'assurance (calcul et importance de la prime, proportion de l'indemnité, etc.) varient avec les Sociétés, et il n'existe point de réassurance départementale. 9 Sociétés seulement sont réassurées à l'Union fédérale de France, dont le siège social est à Paris.

A noter une tentative en faveur de l'assurance contre l'incendie. 2 petites Sociétés communales fonctionnent depuis 1906.

****

Centre scientifique important, la capitale de l'Anjou ne manque point de Sociétés savantes qui ont toujours donné à l'Agriculture une large place dans leurs travaux et leurs recherches. « La Société industrielle et agricole d'Angers et du département de Maine-et-Loire », fondée en 1830, est l'une des plus intéressantes d'entre elles, et, bien que son titre n'ait pas été modifié, comme il en avait été question au début de 1907, à l'occasion de l'adoption de ses nouveaux Statuts, elle s'occupe à peu près exclusivement d'Agriculture.

Son activité se manifeste par des Concours : Concours de reproducteurs et Concours de primes culturales, qui alternent d'une année à l'autre. Les primes culturales, pour la bonne tenue des exploitations, disposent de crédits moindres que le Concours de reproducteurs. — 3.600 francs, au lieu de 5.700 francs, — mais sont certainement plus appréciées et d'un meilleur effet. Cependant, il est juste de reconnaître que la Société Industrielle organise de temps à autre des Concours fort importants. En 1907, grâce à de précieux appuis, en particulier celui de la Société des Agriculteurs de France, qui lui a accordé une subvention de 25.000 francs, elle a pu mener à bien le Concours régional libre d'Angers. L'importance de ce brillant Concours peut se déduire du chiffre même des dépenses engagées, — 77.545 francs, — et son succès de l'excédent des recettes, qui a dépassé 10.000 francs.

Mais la Société Industrielle d'Angers ne se borne pas à ces Concours; elle a de nombreuses filiales, dont elle suit le fonctionnement avec grand intérêt, et des fondations importantes qu'elle subventionne généreusement. A côté d'elle, il faut citer l'Ecole supérieure d'Agriculture d'Angers, créée en 1897. Sans doute, le programme de l'enseignement ne répond pas à celui de l'Institut agronomique ou même à celui des Ecoles nationales. Son but est d'assurer aux fils de propriétaires ruraux les connaissances scientifiques et techniques dont on a maintenant besoin pour tirer le meilleur parti de l'exploitation du sol. Tout en constatant les résultats très encourageants que donne cette Ecole, il faut surtout rendre hommage à l'excellence de son corps enseignant et reconnaître les nombreux services qu'il rend tant à la Société Industrielle qu'à toute l'Agriculture de la région.

Grâce aux savantes et patientes recherches des professeurs de l'Ecole les séances mensuelles de la Société ont repris un vif intérêt ; la Société elle-même a reçu un élan nouveau et a vu doubler en quelques années le nombre de ses membres ; enfin, les services annexes fondés par la Société, ses champs d'expériences, sa Station œnologique, son Office de l'amélioration du bétail, entre autres, ont trouvé des directeurs d'une compétence consommée dans le personnel enseignant de l'Ecole d'Agriculture d'Angers.

La Station œnologique et ampélographique, tout récemment créée, vient à son heure dans cette belle région viticole d'Anjou. La reconstitution peut être considérée comme terminée, et c'est l'amélioration des méthodes de vinification, encore si imparfaites, qu'il faut maintenant poursuivre. L'entretien de la Station œnologique constitue une lourde charge pour le budget de la Société Industrielle, aidée d'ailleurs dans cette tache par une subvention spéciale du Conseil Général, mais c'est une œuvre d'une utilité essentielle et qui contribuera à augmenter largement les revenus déjà si élevés que l'Anjou tire de son vignoble.

La Société reconnaît aussi que, jusqu'à ce jour, peu de sacrifices ont été consentis dans son département pour l'amélioration du bétail; l'élevage et la culture n'ont pas reçu, à beaucoup près, les précieux encouragements dont a bénéficié la Viticulture. Suivant un plan d'ensemble dont le principe est excellent, la Société Industrielle est bien parvenue à doter chacun des cantons de Maine-et-Loire d'un Comice Agricole qui organise un Concours annuel d'animaux reproducteurs. Malheureusement, il ne faut plus se leurrer avec les résultats que donnent ces fêtes agricoles, très réussies par l'entrain et les réjouissances qu'elles apportent à la campagne, mais dont l'influence pratique sur l'élevage reste à peu près nulle. En pourrait-il être autrement avec les errements suivis dans ces petits Concours, avec ces multiples, mais infimes récompenses distribuées un peu trop au hasard ? Cette poussière d'encouragements disparaît sans laisser de trace dès le lendemain du Concours. L'état actuel de l'élevage en Maine-et-Loire en est une preuve manifeste. La Société Industrielle n'a pas hésité à le proclamer, car elle a décidé de consacrer une partie des bénéfices du Concours d'Angers à la création d'un Office d'amélioration du bétail, qui s'efforcera d'entraîner les éleveurs dans une voie plus rationnelle, et à la création de Syndicats d'élevage dont plusieurs sont déjà constitués; de plus, elle organisera en 1910 un « Concours d'étables » pour reconnaître et récompenser les premiers résultats obtenus.

C'est un effort de même nature que tente la Société des Aviculteurs angevins, une autre filiale de la Société Industrielle, fondée en 1906. Elle s'occupe de régénérer les races de volailles de l'Anjou et entend donner une impulsion très active à l'Aviculture de la région. Sa première manifestation, l'Exposition d'Aviculture annexée au Concours d'Angers, en 1907, a été un véritable triomphe.

Il y a là toute une série d'excellentes initiatives qui font grand honneur à la Société Industrielle et Agricole d'Angers et à ses filiales. C'est d'un excellent augure pour les progrès qu'on peut attendre de l'Agriculture de ce beau département de Maine-et-Loire, l'un des plus gros producteurs agricoles de notre pays, mais où il reste encore tant de richesses inexploitées.

Sarthe

Région de transition entre le doux Pays Angevin et la grasse Normandie, le Maine n'a pas été aussi gâté par la Nature que ses deux voisins. Cependant, sa production est abondante et variée, et il fait excellente figure au milieu des provinces qui contribuent à la renommée agricole de la France.

La Sarthe présente un aspect général des plus riants. Le pays est boisé la statistique lui attribue 92.000 hectares de bois et forêts, c'est-à-dire plus du septième de sa surface totale — mais il apparaît plus boisé encore qu'il n'est en réalité. En effet, par suite d'une coutume généralisée dans la province entière, tous les champs, aussi bien les labours que les herbages, sont enclos de fortes haies, parfois très élevées. Le petit cultivateur y trouve son compte avec le bois qu'il récolte pour les besoins de sa maison, mais les cultures en souffrent assurément et il y a là une source de pertes qui se traduisent par une diminution sensible des rendements moyens. Le touriste ne s'en plaint pas, car le pays y gagne en pittoresque. Les innombrables cours d'eau qui coulent au fond des moindres vallons, complètent la grâce de cette région bocagère, en même temps qu'ils permettent à l'Agriculteur de multiplier les prairies naturelles.

L'étude géologique ne prévient pas en faveur de la fertilité des terrains de la Sarthe. Sur la bordure occidentale, les derniers affleurements du massif armoricain ont apporté des granites, des schistes et des grès, qui ne passent point pour donner des sols très favorables à la végétation. De même, parmi les terrains secondaires et tertiaires du bassin parisien qui recouvrent le reste du département, il existe des formations que l'agriculteur n'aime pas à rencontrer. Dans le nombre, se trouve cette craie cénomanienne qui prend, comme son nom l'indique, son faciès caractéristique dans la région et traverse tout le département du Nord-Est au Sud-Ouest, en une bande de 30 kilomètres environ de largeur. Elle donne des terrains légers, parfois sableux à l'excès ; dans ce dernier cas, les plantations de pins deviennent à peu près la seule ressource.

D'autres régions, il est vrai, sont plus favorisées, en particulier celles que recouvrent les argiles et les marnes oxfordiennes. L'îlot marneux le plus important se trouve dans le pays du Saosnois, aux environs de Mamers. C'est la partie la plus fertile du département et surtout de beaucoup la mieux pourvue d'herbages. Au sud du Mans, le Belinois possède également des affleurements jurassiques et se livre à peu près aux mêmes cultures que l'arrondissement de Mamers.

La vallée de la Sarthe avec ses alluvions fécondes, et la vallée du Loir aussi se prêtent à des cultures exigeantes, là où elles ne sont pas recouvertes par les prairies naturelles. Mais la surface des prairies s'accroît considérablement avec la multitude de vallons bien arrosés que comporte le sol assez mouvementé du Haut-Maine. Un sous-sol suffisamment imperméable empêche la déperdition des eaux pluviales, très abondantes dans la région septentrionale au voisinage des collines boisées du Maine et du Perche. Le climat, qui participe à la fois des conditions du bassin armoricain et du bassin séquanien, se montre tempéré avec un hiver doux et pluvieux. Seul, le sud du département, vers la vallée du Loir, avec les assises puissantes de la craie turonienne qui débordent d'Indre-et-Loire sur la Sarthe, est beaucoup plus sec et sensiblement plus chaud.

La production végétale donne lieu à quelques remarques générales qui démontrent la dépendance étroite dans laquelle les conditions naturelles tiennent les cultures. Le blé reste la céréale principale, mais le seigle tient une place beaucoup plus large qu'en Beauce et en Normandie ; le méteil, ce mélange de blé et de seigle, ne se cultive plus que dans quelques mauvaises terres ; presque partout il a été remplacé par le blé qui, même dans les terres médiocres, donne, grâce à l'emploi d'engrais chimiques, des rendements élevés.

En dehors du chanvre dont la Sarthe est toujours la forteresse et le lieu de prédilection — avec le quart de la surface totale occupée en France par cette plante textile — les cultures industrielles ne jouent qu'un rôle insignifiant dans l'économie rurale. Tout autre est la culture de la pomme de terre, d'une importance exceptionnelle avec ses 45 000 hectares en 1906, c'est-à-dire plus de dix fois la surface que plante un département normand, comme le Calvados, l'Orne ou la Seine-Inférieure. Dans toute la France, un seul département, les Vosges, produit actuellement une récolte de pommes de terre de valeur légèrement supérieure à celle de la Sarthe.

La production fourragère est abondante, les prairies naturelles occupent une vaste surface, tout comme les artificielles, trèfle, sainfoin et luzerne, qui remédient en partie à l'insuffisance des herbages, trop rares en dehors des contrées privilégiées, comme les vallées des principales rivières, la Sarthe, l'Huisne, le Loir et l'Orne saosnoise. A côté des betteraves et des navets, il y a une tendance marquée à cultiver, pour l'alimentation d'hiver, une quantité très appréciable de choux fourragers, surtout dans les environs de Sablé.

Des 9 départements qui font l'objet des travaux des Assises de Caumont, la Sarthe est le seul où les productions des fruits à cidre et du vin se balancent à peu près. Le Haut-Maine, avec ses terres labourables plantées de pommiers, peut avoir, bon an, mal an, une moitié de la récolte du département normand qui l'avoisine. Quant à la vigne, la région du Loir lui est favorable et elle y compte une surface de près de 6.000 hectares en pleine production ; certains crus de vins blancs, les Janières en tête, jouissent d'une bonne réputation.

La Sarthe a le droit de se montrer fière de ses productions animales. N'entretient-elle pas sur un territoire de surface sensiblement égale à celui de l'Orne — 620.000 hectares contre 609.000 — une population animale plus forte que celle de ce voisin de Normandie? Les effectifs accusés par la statistique de 1906 sont même sensiblement plus élevés pour tous les animaux, à l'exception des moutons.

Les chevaux appartiennent presque tous à la race percheronne. Les cantons voisins de l'Eure-et-Loir et de l'Orne, ceux de Montmirail, La Ferté-Bernard, Tuffé, Bonnétable, Ballon, Beaumont et Mamers, ont un élevage renommé et comptent nombre d'animaux inscrits au *stud-book* percheron. Le demi-sang est plus rare et son élevage est limité au canton de La Fresnaye-sur-Chédouet, qui compte encore quelques bonnes écuries, mais l'élevage tend de plus en plus à s'industrialiser en devenant l'apanage des grands propriétaires.

La race bovine mancelle ne se retrouve guère à l'état de pureté qu'à l'Ouest, vers la Mayenne, dans la Champagne du Maine comprenant les cantons de Conlie, Sillé-le-Guillaume et Loué. Au cours de ces dernières années, d'énergiques efforts ont été tentés en vue de la reconstitution et de la sélection de cette vieille race de pays, mais on ne peut encore reconnaître des résultats très appréciables. A l'extrémité Sud-Ouest, aux environs de Sablé-sur-Sarthe, le durham et le durham-manceau se sont constitué un véritable fief, où l'on trouve des étables renommées. La race normande garnit les étables des autres régions et entre dans l'effectif total du département dans la proportion d'au moins 4/5.

Aucune tentative sérieuse du côté de l'espèce ovine, qui perd sans cesse du terrain, en dépit de la grande quantité de terres propices à son entretien ; la raison est sans doute dans la faible importance des exploitations. L'élevage et l'engraissement des porcs conviennent mieux aux petits fermiers de la Sarthe ; aussi leurs porcheries sont garnies de nombreux et bons animaux appartenant aux races craonnaise et normande ou à leurs croisements. De même, l'Aviculture se trouve très en faveur. Personne n'ignore l'importance qu'a pris de longue date l'engraissement des poulardes du Mans ; cette industrie prospère se pratique surtout dans la partie méridionale du département, aux environs de La Flèche.

Une étude générale de la production agricole de la Sarthe fait ressortir les sérieux progrès accomplis depuis une quinzaine d'années : progrès des cultures, dont les rendements se sont élevés notablement avec l'extension de l'emploi des engrais chimiques ; progrès de l'élevage, qui se traduisent non seulement par une augmentation appréciable du nombre des animaux, mais encore par une orientation très nette des spéculations. Ces excellents résultats sont dus, pour une très grande part, à l'activité et à l'initiative des Associations agricoles du département.

***

Le Maine, comme l'Anjou et d'autres provinces de l'Ouest, est surtout un pays de petite culture : que le régime de l'exploitation soit le fermage, le métayage ou la culture directe, l'étendue moyenne des fermes ne dépasse guère une dizaine d'hectares. Dans ces conditions, l'on conçoit que les Syndicats agricoles se soient développés plus facilement qu'ailleurs, les cultivateurs ne pouvant acheter presque jamais par wagons complets et éprouvant davantage le besoin de se grouper pour obtenir aux prix du gros des petites quantités de matières premières. La Sarthe est sans doute le département qui, à l'heure actuelle, compte le plus grand nombre de cultivateurs syndiqués, en même temps que le Syndicat Agricole qui groupe le plus d'adhérents.

Un Troupeau Durham-Manceau dans la Sarthe

Il y a tout près de 30.000 cultivateurs syndiqués, répartis entre 40 Associations professionnelles. Les unes sont simplement communales, comme celle de Saint-Jean-de-la-Motte, qui trouve cependant le moyen de grouper 241 adhérents. Le plus grand nombre étendent au canton leur rayon d'action, et quelques-unes dépassent alors le chiffre de 1.000 sociétaires. C'est le cas des Syndicats de Bonnétable, avec 1.591 membres ; de La Ferté-Bernard, avec 1.580 ; de Sablé, avec 1.842. Au-dessus de ces diverses Associations à circonscription restreinte, plane le Syndicat des Agriculteurs de la Sarthe, qui compte plus de 13.500 adhérents. Une première remarque s'impose qui pourrait être faite dans la plupart des départements où une situation analogue se présente. Lorsqu'une Association centrale aussi puissante que le Syndicat des Agriculteurs de la Sarthe voit graviter autour d'elle un certain nombre de Sociétés indépendantes poursuivant un but identique dans des circonscriptions plus restreintes, il arrive que ces Sociétés rendent également des services signalés ; mais il convient de reconnaître que leur tâche est singulièrement facilitée par la grande Association. Celle-ci exerce une action puissante, possède une influence morale considérable, met en relief de façon saisissante les avantages des Syndicats, et rend possible la vie des petites Associations, non pas tant en leur permettant de recruter aisément des adhérents qu'en facilitant le fonctionnement de leurs services d'entremise. Si telle grande Association n'existait pas, bien des Syndicats de son rayon ne pourraient surmonter les difficultés, de plus en plus grandes, des services d'entremise. Pour apprécier la valeur de l'organisation syndicale d'une région, il suffit donc d'étudier les rouages de l'Association principale, de celle dont l'action puissante trace le sillage dans lequel sont entraînées les Sociétés secondaires.

Plus qu'aucun autre, le Syndicat des Agriculteurs de la Sarthe a l'honneur de jouer, dans son département, ce rôle essentiel d'organisme directeur. Fondé seulement en 1887, trois ans après la loi sur les Associations professionnelles, il n'a pas tardé à se développer rapidement, grâce à l'activité et au dévouement de son président-fondateur, le regretté M. Legludic, et de son directeur, l'infatigable M. Brière, qui aujourd'hui encore se trouve à la tête de ses services. Il est juste d'ajouter que depuis quelques années, sous la présidence du ministre actuel des Finances, M. Caillaux, député de Mamers, le Syndicat des Agriculteurs de la Sarthe progresse plus vite que jamais. C'est sur lui que prennent exemple tous les grands Syndicats de la région de l'Ouest, et c'est en calquant son organisation que certains d'entre eux sont parvenus aux plus beaux succès.

Le dépôt central que le Syndicat de la Sarthe possède au Mans est un modèle du genre. Il est vrai qu'une situation privilégiée a permis de faire grand. En effet, si l'on examine une carte de la Sarthe, on s'aperçoit que la ville du Mans est située à peu près exactement au centre du département, tandis que les autres villes, sous-préfectures ou chefs-lieux de canton importants, Mamers, La Flèche, Saint-Calais, La Ferté-Bernard, Sablé, Sillé-le-Guillaume, etc., se trouvent tout près de la périphérie. Il en résulte que Le Mans est un centre agricole considérable, et son marché est fréquenté par tous les cultivateurs à 20 kilomètres à la ronde. Aussi 3.000 adhérents du Syndicat ont-ils pris l'habitude de venir s'approvisionner directement au dépôt central du Mans.

L'organisation des services d'entremise rappelle exactement celle du Syndicat de Loir-et-Cher. Les adhérents peuvent se procurer à des prix nets, franco toutes gares du département, par wagons complets de 5.000 kilos, les différentes matières premières dont ils ont besoin : engrais chimiques, tourteaux, semences, etc. Ils ont également la latitude de les prendre par petites quantités et à tel moment à leur convenance, sans avis préalable, soit au dépôt central du Mans, soit dans les dépôts secondaires répartis dans les diverses régions du département. Dans ce cas, il y a une majoration du prix pour frais de magasinage, majoration de 0,25 par quintal de superphosphate, et de 1 franc par quintal de tourteau ou d'engrais composés.

Au sujet des engrais composés, il convient de noter, en passant, que, dans cette région de petite culture, les agriculteurs les recherchent certainement plus qu'ailleurs. Le Syndicat établit donc, dans les magasins de son dépôt central, plusieurs mélanges correspondant aux exigences des différentes cultures, et il les livre à ses adhérents, mais en indiquant exactement leur composition. Il y a là d'importantes manipulations effectuées dans d'excellentes conditions et qui procurent de grosses facilités aux petits cultivateurs.

Afin de simplifier sa comptabilité, le Syndicat se contente de débiter personnellement les directeurs de ses dépôts secondaires de toutes les marchandises expédiées dans ces dépôts. La majoration de 0 fr. 25 à 1 franc par quintal sur les prix nets, pour les matières entreposées, est abandonnée aux dépositaires à titre d'indemnité pour frais de location de magasin, frais de manutention, et aussi pour effectuer les encaissements. Le Syndicat procède à deux inventaires par an, au 31 décembre et au 31 juillet. A ces époques. les dépositaires doivent s'acquitter envers le Syndicat ou représenter la différence en marchandises emmagasinées, ou encore en factures non payées par les adhérents. Ceux-ci bénéficient de délais assez larges et même qui ne sont pas fixés de façon précise ; ils obtiennent ainsi du Syndicat un crédit qui va d'une saison à l'autre.

Ce système nécessite, de la part du Syndicat, des avances considérables, d'autant plus que, pour obtenir les meilleures conditions et parfois

Au Concours départemental de la Mayenne

Groupe d'Exposants — Un coin du Concours

des rabais très sensibles, il emmagasine souvent en morte-saison, quitte à garder pendant plusieurs mois des stocks importants.

Le chiffre d'affaires va sans cesse en augmentant. En 1906, le Syndicat livrait à ses adhérents 112.000 quintaux d'engrais divers. Au cours du premier semestre 1908, il arrive au chiffre de 109.000 quintaux, en avance d'un bon cinquième par rapport au premier semestre de 1907, qui présentait lui-même une augmentation sensible sur la période correspondante de 1906. Les autres marchandises, tourteaux et semences, se chiffrent également par des quantités fort élevées. Pour le premier trimestre de 1908, le total des opérations du service d'entremise atteint 1.354.000 francs.

Par ces chiffres, il est facile d'apprécier l'extension qu'a prise l'emploi des engrais chimiques dans la Sarthe, surtout si l'on admet, avec la direction du Syndicat, que les autres Associations et le commerce livrent de leur côté aux agriculteurs une quantité au moins égale. La consommation annuelle des engrais chimiques dans la Sarthe se rapprocherait actuellement de 400.000 quintaux, c'est-à-dire dépasserait 1.000 quintaux par commune. C'est là une consommation de beaucoup supérieure à celle des autres départements de la région, et qui s'est traduite par une augmentation proportionnelle des rendements. Il n'est pas douteux que cette généralisation de l'emploi des engrais est due, pour la plus grande part, à l'intervention du Syndicat des Agriculteurs de la Sarthe. Non seulement il met tous les cultivateurs de sa circonscription en mesure de se procurer les engrais aux meilleures conditions et avec toutes les garanties désirables, mais encore il donne, dans son *Bulletin* hebdomadaire, tiré à 15.000 exemplaires et envoyé gratuitement à ses adhérents, les indications les plus précises sur l'application judicieuse de ces engrais.

*_**

L'office d'entremise pour l'achat ne constitue que l'un des services du Syndicat. Son activité s'exerce avec un égal succès sur nombre d'autres points. Ainsi, il a doté son département d'une excellente organisation de Crédit agricole.

Le 21 décembre 1901, il fondait au Mans la Caisse régionale de Crédit Agricole du Maine, qui possède un capital versé de 354.000 francs et dispose de 1.138.400 francs d'avances gratuites de l'État, soit près d'un million et demi au total. Cette Caisse régionale groupait, à la fin de 1908, 40 Sociétés locales de Crédit Agricole, toutes installées dans le département et comptant 2.096 adhérents. Le montant des prêts consentis dans l'année s'est élevé à 2.626.967 fr. 30.

Le Syndicat s'est affilié personnellement à la Société locale de Crédit mutuel du Mans et a participé pour une somme de 10.000 francs — 500 parts de 20 francs — à la formation de son capital social. La Société locale est devenue le banquier du Syndicat et lui consent toutes les avances nécessaires pour ses opérations, moyennant un intérêt annuel de 3 1/2 0/0, soit 1/2 0/0 de moins que l'intérêt payé par les autres adhérents pour les prêts en espèces.

En 1908, le montant des prêts de la Société locale du Mans au Syndicat s'est élevé à 1.100.000 francs ; en 1909, il dépassera 2.000.000 de francs. La progression des opérations des autres Sociétés locales de la Sarthe avec les cultivateurs de leurs rayons est tout aussi satisfaisante.

₊

La question des assurances mutuelles contre la mortalité du bétail ne préoccupe pas moins le Syndicat. Il a fondé un grand nombre de Sociétés locales, plus de 80, et n'a pas hésité à organiser la réassurance.

Au 1ᵉʳ juin 1908, la Sarthe possédait 97 Sociétés mutuelles d'assurance-bétail qui garantissaient un capital de plus de 8.000.000 de francs, pour le compte de 7.337 agriculteurs. De ces 97 Sociétés, 68 sont affiliées à l'Union de réassurance qui fonctionne sous le contrôle du Syndicat de la Sarthe. Ces diverses Sociétés n'admettent que les bovidés et paient une indemnité de 70 0/0 de la valeur assurée en cas de sinistre. La cotisation annuelle des sociétaires, qui consiste le plus souvent en une répartition faite après les sinistres, ne peut dépasser 1,20 0/0 de la valeur assurée. Au delà, c'est l'Union qui parfait la différence, après avoir encaissé une prime de réassurance de 0,20 0/0.

L'attention du Syndicat s'est portée aussi sur les autres risques agricoles et, là encore, il est intervenu de façon efficace. Il a créé et patronné « La Sarthoise », une Caisse d'assurances agricoles mutuelles contre les accidents du travail qui, depuis le 1ᵉʳ mars 1905, date de sa création, a donné des résultats merveilleux et dont les cultivateurs apprécient toute la portée. Pour la grêle, il a passé une convention avec une grande Compagnie à primes fixes et est devenu l'agent général de cette Compagnie vis-à-vis de ses membres ; il les fait ainsi bénéficier des sérieux avantages qu'il a obtenus.

₊

Le rôle qu'assure le Syndicat des Agriculteurs de la Sarthe pour les services matériels dont les cultivateurs ont besoin au jour le jour, une autre grande Association, la Société des Agriculteurs de la Sarthe, le joue en ce qui concerne l'orientation générale à donner à l'Agriculture et surtout à l'élevage. A la vérité, un lien étroit existe entre ces deux Associations. La Société des Agriculteurs de la Sarthe, créée en 1877, a fondé le Syndicat, dix ans plus tard, et lui a confié la mission d'organiser les services d'entremise nécessaires aux cultivateurs. Le Syndicat, devenu la puissante Association que l'on sait, le rouage directeur de l'Agriculture sarthoise, aide à son tour la Société des Agriculteurs de la Sarthe, la subventionne et lui prête en toutes circonstances son appui

le plus entier. Du reste, les Bureaux des deux Sociétés sont les mêmes,
ou à peu près. M. Caillaux, ministre des Finances, président du Syndicat, préside également la Société d'Agriculture, et M. Brière, le directeur
du Syndicat, est secrétaire général de la Société.

Depuis une quinzaine d'années, la Société organise à la mi-septembre, sur la magnifique promenade des Jacobins, au cœur de la ville
du Mans, un grand Concours départemental d'animaux reproducteurs.
Une exposition de produits agricoles et surtout d'instruments d'intérieur et d'extérieur de ferme, complète ce Concours, qui dure 4 jours et
présente une importance et un éclat comparables aux anciens Concours
régionaux du Ministère de l'Agriculture. Les prix sont des plus nombreux, car la Société ne manque pas de ressources. En dehors des cotisations de ses Membres et des larges allocations du Syndicat, elle ne reçoit
pas moins de 26.000 francs de subventions, dont 7.000 francs de l'Etat,
15.000 francs du département et 4.000 francs de la ville du Mans.

Avec un pareil budget, le Concours départemental de la Sarthe peut
être brillant. Chaque année, il réunit l'élite de l'élevage sarthois, des
centaines et des centaines d'animaux reproducteurs. Son influence sur
l'élevage du département est considérable. Tout le monde est unanime
à le reconnaître dans la Sarthe.

S'il en fallait une preuve, en serait-il de meilleure que les subventions importantes qu'allouent si généreusement la ville du Mans et
le Conseil général ?

*
* *

A côté de la puissante Société des Agriculteurs de la Sarthe, on
compte 30 petits Comices cantonaux.

Bien d'autres organisations fonctionnent dans la Sarthe. Dans le
nombre, il faut citer une Laiterie coopérative, la première qu'on rencontre en allant des Charentes et du Poitou vers la Normandie. C'est la
Laiterie coopérative de la Champagne du Maine, établie à Tennie, au
centre de la région qui lui donne son nom.

Au moment de sa création, en 1901, elle groupait une centaine de
sociétaires seulement ; aujourd'hui, elle en compte plus de 800. Son
usine, pourvue d'une installation moderne, a traité en 1907 une moyenne
journalière de près de 6.000 litres de lait. La Laiterie coopérative de la
Champagne du Maine a été le point de départ de nombreuses œuvres
mutuelles, dont la plus intéressante est le ramassage et la vente en
commun des œufs, d'après la méthode danoise. Près de 800.000 œufs ont
ainsi été vendus en 1907, toujours au cours le plus élevé.

Ce n'est là, sans doute, que le début d'un mouvement coopératif plus
intense qui amènera l'industrie laitière du Maine aux progrès accomplis dans les Charentes.

* *

La visite du département de la Sarthe et l'étude de ses Associations agricoles présentent le plus vif intérêt pour tous les amis de l'Agriculture. Nulle part peut-être en France, on ne trouve une organisation plus complète ni plus solide des Associations agricoles. Aussi les

Au Concours départemental de la Mayenne

Vue extérieure des baraquements

Vue intérieure des baraquements — Une file d'animaux

progrès réalisés dans toutes les branches de la production sont considérables ; ils éclatent aux yeux des moins prévenus. Mais ce qui séduit le plus, c'est que les deux grandes Associations directrices, le Syndicat et la Société des Agriculteurs de la Sarthe, à qui revient tout l'honneur de cette brillante situation, ne se contentent pas du présent et entendent poursuivre activement leur tâche si féconde. Ayant pleine conscience de leur puissance et de la légitime influence qu'elles ont acquise, elles ne reculent devant aucun projet, devant aucune difficulté, quand elles croient pouvoir apporter un nouvel élément à la prospérité de l'Agriculture locale.

Mayenne

La Mayenne et la Sarthe se présentent comme deux circonscriptions jumelles, constituées de façon identique. Du Maine, découpé en deux moitiés, du Nord au Sud, l'une a reçu la partie occidentale, le Bas-Maine, l'autre la partie orientale, le Haut-Maine ; elles ont été complétées également, vers le Sud, par quelques cantons tirés de l'Anjou et qui ont formé, d'un côté l'arrondissement de Château-Gontier, de l'autre celui de La Flèche. En dépit de cette origine commune, chacun des deux départements présente des caractères bien particuliers, et la Mayenne n'est pas moins intéressante ni moins riche, au point de vue agricole, que la Sarthe.

L'étude agricole de la Mayenne est des plus simples. Ses trois arrondissements qui se succèdent, du Nord au Sud, en bandes parallèles prenant toute la largeur du département, correspondent à des régions différentes. Les géologues font dépendre la Mayenne du Massif armoricain, mais on remarque surtout, au Nord, dans l'arrondissement de la Mayenne, des granites et des gneiss ; au Sud, vers Château-Gontier, des schistes de facile décomposition, tandis qu'au Centre, les environs de Laval sont caractérisés par des dépôts secondaires et tertiaires. L'orographie achève de différencier ces trois régions, car l'altitude s'abaisse sensiblement d'un point à l'autre. Au Nord se trouvent les sommets les plus élevés, avec les collines du Maine; déjà, la région de Laval est moins tourmentée, et l'arrondissement de Château-Gontier présente plutôt l'aspect d'une plaine avec des vallées plus accentuées. La fertilité augmente à mesure que décroît l'altitude. Vers Mayenne, les granites ont donné des terrains plus légers et plus arides, et certaines parties sont restées assez longtemps incultes ; les prairies naturelles sont assez rares dans cet arrondissement, qui possède, par contre, la plus forte quantité d'arbres fruitiers, notamment de pommiers à cidre. Laval dispose de bons sols à blé avec ses formations secondaires et tertiaires ; Château-Gontier, enfin, grâce à la facile décomposition des roches schisteuses, connaît les terres grasses et profondes propres à l'herbage. Un trait commun, toutefois, c'est l'absence de chaux dans tous les sols du département. Heureusement, le sous-sol en renferme, sous forme des calcaires durs du dévonien, et la fabrication de la chaux est facile et économique.

Comme toutes les régions à terres dépourvues de chaux, la Mayenne est restée fort longtemps pauvre et mal exploitée. Avec la généralisation de la chaux, à partir du milieu du xix' siècle, la transformation a été complète, et la production s'est relevée dans une proportion considérable ; les ressources fourragères surtout ont largement augmenté.

La Mayenne est un petit département, de beaucoup le moindre de ceux qui nous occupent, puisque sa surface totale dépasse à peine 500.000 hectares, soit 200.000 hectares de moins que Maine-et-Loire. Pourtant, ses terrains cultivables restent assez étendus, par suite de la faible surface des bois — 27.500 hectares d'après la statistique décennale de 1892, contre 113.000 hectares à l'Eure ou 136.700 au Loir-et-Cher — et de la diminution de ses landes. Le blé parvient à occuper plus de 100.000 hectares. La culture de l'orge est très prospère et son produit très recherché pour la brasserie ; une grande partie en est vendue, à la récolte, aux brasseurs du Nord et aussi à ceux de la Belgique et de l'Angleterre. Les cultures fourragères ont une importance toute particulière ; le trèfle, les fourrages verts d'été, les betteraves et aussi les choux fourragers sont produits en abondance. Par contre, les plantes industrielles ne

La Foire de Château-Gontier

comptent guère ; on trouve en Mayenne très peu de lin et de chanvre. Les cultures maraîchères sont loin d'être aussi développées qu'en Maine-et-Loire ; les cantons méridionaux possèdent quelques vignes, mais le vin n'en est pas très apprécié, et son produit n'atteint pas le dixième de la valeur des fruits à cidre récoltés dans l'arrondissement de Mayenne.

La statistique des animaux de ferme fait apparaître des résultats extraordinaires et dont les agriculteurs mayennais ont le droit d'être fiers. Ce petit département entretient un cheptel considérable. En 1906, l'effectif de l'espèce chevaline s'élève au chiffre très élevé de 83.400 têtes, dépassé de 2.000 têtes seulement par celui de la Manche et supérieur de loin à celui des 7 autres départements. Les juments surtout sont nombreuses, et aucun autre département, même la Manche ou le Finistère, n'en possède une pareille quantité. Il n'y a pas de race spéciale, et on y a trouvé longtemps des croisements très divers entre les races bretonne, percheronne, poitevine, voire boulonnaise ; cependant, la race percheronne est de plus en plus en faveur, et la région Nord-Ouest, de Chailland à Ernée, est devenue un excellent centre de l'élevage percheron.

Le gros bétail ne le cède en rien aux chevaux. La Mayenne approche du chiffre très élevé de 300.000 têtes de bovidés, chiffre qui est dépassé seulement par les trois départements de la Manche, de Maine-et-Loire et de la Seine-Inférieure. Il y a différentes races, qui ne sont pas mélangées. Dans le Nord, on trouve la bête normande, de type médiocre, il est vrai, et qui est admise dans les Concours sous la dénomination de race de pays. Partout ailleurs, c'est le durham-manceau, obtenu par le croisement du durham avec la vieille race mancelle et qui, le plus souvent, par suite de l'infusion continue du sang anglais, se rapproche du type pur ; il ne manque à nombre d'animaux qu'un certificat d'origine pour être qualifiés de durhams.

Le mouton est le seul animal qui ne soit pas bien représenté ; il recule sans cesse devant les bovidés. Quant au porc, il suffit de se rappeler que la plus améliorée de nos races indigènes tire son nom du Pays de Craon, son berceau et son centre de production, pour être fixé sur la valeur de son élevage dans la Mayenne.

Il est très peu de départements, en somme, qui aient aussi bien réussi que la Mayenne les spéculations animales et qui leur aient donné une pareille importance. Mais il n'est pas de médaille sans revers, et actuellement le régime de l'exploitation paraît laisser à désirer.

La grande propriété domine, divisée en petites exploitations concédées à des fermiers et à des métayers. Il n'y aurait pas lieu de s'en plaindre si, par suite de l'absentéisme, le fâcheux régime de « l'expert » ne s'était établi. L'expert est chargé de la gestion d'un nombre parfois considérable d'exploitations et ne songe trop souvent qu'à ses intérêts personnels, ce qui entrave singulièrement les progrès de la culture et de l'élevage. C'est une tache au tableau riant de la prospérité agricole de la Mayenne, et une source de vives préoccupations pour tous ceux qui désirent voir cette industrieuse région continuer sa marche rapide dans la voie des améliorations.

*
* *

Le Syndicat des Agriculteurs de la Mayenne est la grande Association du département et s'acquitte d'une double mission très importante :

il assure le fonctionnement des différents services matériels que les agriculteurs attendent de leurs Syndicats, puis il organise des Concours.

Au point de vue purement syndical, on ne saurait évaluer son action au seul nombre de ses membres titulaires, pourtant très respectable, puisqu'il atteint 2.250. En effet, quantité de propriétaires et d'experts font bénéficier de leur affiliation tous leurs fermiers et métayers ; de la sorte, il y a bien, en réalité, 6.000 cultivateurs qui profitent des services d'entremise du Syndicat pour l'acquisition des matières premières qui leur sont nécessaires. En 1907, le Syndicat a livré plus de 51.000 quintaux d'engrais chimiques, de tourteaux et de semences.

L'organisation des services d'entremise n'offre rien de particulier ; elle rappelle dans ses grandes lignes celle des Syndicats de Blois et du Mans. A côté du dépôt central de Laval, géré directement par le Syndicat, il existe dans les principaux centres du département 19 succursales tenues par des dépositaires. Des contrats très bien étudiés précisent strictement les obligations de ces dépositaires. Tous les produits que les syndiqués viennent chercher dans leurs magasins sont livrés aux prix de gros arrêtés par le Syndicat pour les expéditions par wagon complet ; une majoration de 0 fr. 50, 1 franc ou 1 fr. 50 par quintal, suivant que les prix de la denrée valent moins de 10 francs, entre 10 et 20 francs, ou plus de 20 francs, dédommage le dépositaire de ses frais divers (location de magasin, camionnage, manutentions diverses, etc.). Le paiement au dépositaire rappelle ce souci constant des Syndicats, dans cette région de l'Ouest où la petite culture domine, d'éviter la présentation des traites à domicile.

La Race porcine craonnaise

Elevage de M. A. Goussé
à Craon (Mayenne)

Verrat
*Premier Prix à
la Roche-sur-Yon 1905*

Truie
*Premier Prix
au
Concours spécial 1901*

Depuis 15 ans, le Syndicat poursuit avec un succès croissant une œuvre magnifique qui assure l'unité de direction de l'élevage dans la Mayenne. A défaut d'une Société Centrale d'Agriculture, il assume la charge d'organiser, chaque année, un grand Concours départemental d'animaux reproducteurs qui se tient à tour de rôle à Laval, à Mayenne et à Château-Gontier, à des dates variables pour chacune de ces localités, généralement à la foire de la Madeleine, en juillet, à Mayenne ; au 1ᵉʳ septembre, à Château-Gontier, et aux Angevines (16 septembre), à Laval.

Une somme de 25.000 francs environ est réservée à cette belle manifestation. Le département alloue généreusement 14.500 francs, l'Etat donne une subvention de près de 2.600 francs, la ville siège du Concours verse 2.000 francs. Les entrées et le Syndicat font le reste. Avec des ressources aussi importantes, il est possible de faire grand ; tous les bons éleveurs du département tiennent, du reste, à honneur de participer à cette exhibition. Au dernier Concours, tenu à Château-Gontier, au début de septembre, le catalogue ne comportait pas moins de 50 pouliches ou poulinières et 237 taureaux, vaches ou génisses, sans compter les autres espèces, également bien représentées, et une foule de produits et de machines agricoles. Plus de 10.000 visiteurs se sont empressés à ce Concours, affirmant ainsi son succès ; mais, ce qui est mieux, de nombreux étrangers, surtout allemands et belges, ont effectué d'importants achats de reproducteurs. C'est une source de gros profits pour l'élevage du département, en même temps que la consécration des brillants résultats qu'il obtient.

*
* *

Depuis plus de 7 ans, la Mayenne possède une Caisse régionale de crédit mutuel agricole, la Caisse du Maine et de l'Anjou, dont le siège social est à Laval. Malheureusement, les opérations n'ont pas pris jusqu'alors un grand essor. A la fin de 1907, les 7 Sociétés locales, affiliées à la Caisse régionale, disposaient seulement d'un capital versé de 18.500 francs et ne groupaient que 202 adhérents ; les prêts consentis pendant l'année n'ont pas dépassé 107.000 francs. De son côté, la Caisse régionale se contente d'un capital de 34.700 francs, auquel viennent se joindre 62.000 francs d'avances de l'Etat.

La raison du peu d'activité du Crédit Agricole provient de ce que les Syndicats ne poussent guère leurs adhérents à y recourir.

Le Syndicat des Agriculteurs de la Mayenne, tout le premier, a bien créé la Société locale de crédit mutuel de Laval et a souscrit personnellement un certain nombre de parts, mais il n'utilise pas ses services. Les fonds de réserve qu'une direction prudente et économe lui a permis de constituer depuis 24 ans font largement face aux avances nécessitées par le fonctionnement de son office d'entremise.

*
* *

Les premières Sociétés d'assurance mutuelle sont implantées depuis des années, elles aussi, sans être parvenues, dans cette région si riche en bétail, à garantir autant de capitaux qu'il serait désirable. Au 1ᵉʳ juin 1908, 16 Sociétés seulement fonctionnaient, assurant un capital de 4.600.000 francs, réparti entre 1.800 cultivateurs.

On remarquera que le nombre des Sociétés est encore plus restreint que ne permettrait de le supposer la valeur du capital assuré. En effet, contrairement au principe qui fait limiter le rayon d'action de ces assurances en vue de faciliter leur contrôle, quelques Sociétés mayennaises ont étendu leurs opérations à un canton entier.

Il n'y a pas la moindre réassurance pour le bétail, ce qui se conçoit mieux avec des Sociétés locales qui assurent jusqu'à 900.000 francs de bétail, comme celle du canton de Château-Gontier.

Par contre, une Caisse de réassurance contre l'incendie s'est fondée à Craon et deux Sociétés locales fonctionnent dans le département.

****

Si la mutualité agricole n'a pas encore beaucoup de fondations à son actif en Mayenne, les petites Associations agricoles ne manquent point. On ne compte pas moins de 24 Comices, la plupart strictement cantonaux, qui, tous les ans, organisent des petits Concours. chacun dans sa circonscription. Ces efforts sont louables assurément, mais leur influence sur les progrès de l'élevage n'est pas comparable à celle qu'exerce le grand Concours départemental du Syndicat des Agriculteurs de la Mayenne, ou encore le Concours spécial de la race porcine craonnaise qui revient chaque printemps dans l'arrondissement de Château-Gontier, tantôt au chef-lieu, tantôt à Craon.

Calvados

« Si j'avais, a dit M. de Lavergne, à désigner la plus heureuse partie de la France, je n'hésiterais pas, je désignerais la Normandie. » Pour tout le monde, en effet, la Normandie évoque l'image d'une province riche entre toutes, comblée de dons naturels, où le sol gras et de culture aisée, le climat favorable, s'accordent également à faciliter la tâche de l'agriculteur, à rémunérer largement ses efforts. Cette renommée n'est pas usurpée, et la Normandie constitue l'un des plus beaux joyaux de la couronne agricole de la France.

Par sa situation même, le Calvados est souvent considéré comme le cœur même de la Normandie, comme le centre par excellence de cette province renommée entre toutes pour sa production agricole et la richesse de ses herbages. D'ailleurs, il forme le trait d'union entre les deux grandes régions de la province, puisque des sept petits pays qui l'ont formé, cinq, dont le Bessin, le Bocage et la Plaine de Caen, appartiennent à la Basse-Normandie, tandis que le Pays d'Auge et le Lieuvin faisaient partie de la Haute-Normandie.

Malgré leur grande réputation, toutes les terres du Calvados sont loin d'avoir la même fertilité. Les variations constatées proviennent de l'origine géologique. Le géologue distingue dans le département trois formations principales : granitiques, jurassiques et crétacées. Les terrains granitiques et de transition se rencontrent dans le Sud-Ouest. C'est le Bocage, qui comprend l'arrondissement de Vire en entier, et des parties des arrondissements de Falaise, Caen et Bayeux. La terre est dépourvue de calcaire, et l'Agriculture n'est devenue prospère que depuis l'apport de chaux et de phosphate. A l'autre extrémité, les arrondissements de Lisieux et de Pont-l'Evêque accusent les sous-sols crétacés qui dominent de l'autre côté de la Seine, dans le Pays de Caux, et jusque vers la région du Nord ; recouvertes d'un épais diluvium des plateaux, ces puissantes assises calcaires correspondent à une région à production abondante. Entre ces deux formations, toute la partie centrale et orientale du département, c'est-à-dire la Plaine de Caen et le Bessin, montre des affleurements jurassiques, dont les roches diverses ont donné des terres de fertilité inégale, mais assez souvent au-dessus de la moyenne, convenant les unes aux herbages, les autres aux labours.

Outre le Bocage, « cette vaste mer de feuillage », suivant l'expression de M. Risler, le Calvados offre dans sa partie Sud-Ouest une succession de sites absolument merveilleux qui ont fait appeler cette région la Suisse normande. Sans pouvoir rivaliser à la vérité avec la véritable patrie du Tourisme, la vallée de l'Orne, à partir de Thury-Harcourt, et celle de son petit affluent la Vère offrent un ensemble d'autant plus remarquable et d'autant plus impressionnant qu'on ne s'attend pas à trouver rien de pareil, après avoir parcouru la riche, fertile, mais monotone Plaine de Caen.

Il convient d'ajouter que si l'artiste est satisfait à la vue de ces paysages où le calme de la rivière se marie si heureusement au bouleversement des rochers et à la fraîche verdure du feuillage, le cultivateur l'est moins, et bien des terrains qui dominent ces sites merveilleux ne peuvent, malgré de grosses dépenses, donner que de maigres récoltes. C'est à peine l'équivalent des mauvaises parties de la Bretagne, et un grand nombre d'hectares, au lieu d'être cultivés, devraient être ici soumis au régime forestier.

La répartition des cultures a subi de profondes modifications au cours des 20 dernières années. Les céréales et les plantes industrielles sont délaissées au profit des plantes fourragères et des prairies. La surface des terres labourables est sensiblement moins élevée qu'en Haute-Normandie, dans l'Eure ou la Seine-Inférieure. Il est vrai que le Calvados est moins grand que les 4 autres départements normands — 550.000 hectares à peine, contre 600.000 en moyenne — mais le peu d'étendue des bois et forêts (38.000 hectares, c'est-à-dire trois fois moins que l'Eure) rétablit de suite l'équilibre et laisse une surface à peu près égale pour le terrain cultivable. Cependant, les principales céréales, le blé et l'avoine, occupent des emblavures deux fois plus réduites que dans la Seine-Inférieure et l'Eure. Le colza, qui s'étendait sur plus de 26.000 hectares en 1852 et près de 8.000 hectares encore en 1892, n'est plus planté en 1906 que dans 975 hectares. Après avoir occupé si longtemps le second rang en France, en suivant de près la Seine-Inférieure pour la culture de cette précieuse crucifère, le Calvados vient actuellement au 9ᵉ ou 10ᵉ rang, loin après le Maine-et-Loire, la Haute-Vienne et la Loire.

Par contre, le sainfoin, la légumineuse de prédilection de la Plaine de Caen, conserve toujours de larges surfaces, et les autres artificielles ont plutôt progressé. Quant aux prairies, l'étendue en dépasse actuellement celle des terres de labour. En 1906, le Calvados compte 256.000 hectares d'herbages, de pâturages et pacages et de prés à faucher, c'est-à-dire, à 4.000 hectares près, le même chiffre que la Manche, dont le territoire total est plus étendu de 40.000 hectares.

En même temps que sa production fourragère, le Calvados, comme les autres départements de la Normandie et de l'Ouest, a augmenté son cheptel vivant. Ce cheptel est très important et l'un des plus beaux de France. Toutefois, à compulser les statistiques, à comparer les chiffres de département à département, on peut s'étonner de ne pas voir le Calvados émerger davantage de la liste des régions riches en bétail. Pour les différentes espèces animales, il est dépassé d'assez loin par quelques-uns des autres départements de la région. Ainsi, sa population chevaline, avec 66.000 têtes, est inférieure de 20.000 têtes à celle de la Manche, de 17.000 à celle de la Mayenne ; elle se laisse dépasser encore par les effectifs de la Seine-Inférieure, de la Sarthe et même de Maine-et-Loire. Avec 264.000 têtes, le Calvados entretient un effectif de bovidés à peine égal aux deux tiers de celui de la Manche. L'espèce ovine n'a jamais été abondamment représentée dans le Calvados. Les porcs font l'objet de remarques analogues à celles concernant les chevaux et les bovidés.

Au point de vue des animaux de la ferme, la caractéristique du Calvados, envisagé dans son ensemble, c'est le petit nombre des naissances qui s'y produit chaque année.

Qu'il s'agisse des chevaux de la Plaine de Caen, des bœufs de la Vallée d'Auge et même souvent des vaches du Bessin et d'ailleurs, qui produisent des beurres et des fromages universellement connus, presque partout les fermes sont peuplées de « déracinés », pour employer une expression à la mode.

Situés d'ailleurs entre la Manche à l'Ouest et l'Orne au Sud, mieux placés que leurs voisins pour dresser et faire travailler les jeunes chevaux, mieux placés également pour la vente des produits, il était naturel que les cultivateurs du Calvados fissent appel à des voisins dont le principal objectif était de faire naître le plus possible.

Aussi les achats faits par le Calvados dans l'Orne et dans la Manche, dans la Manche surtout, ont-ils été depuis un temps immémorial d'une importance considérable, et sauf un fléchissement incontestable sur le cheval de demi-sang, ce commerce est resté très important. C'est encore par milliers que les poulains, les bœufs et les vaches partent chaque année de la Manche pour le Calvados, s'acheminant ainsi vers ce centre de consommation incomparable et sans cesse grandissant qu'est le marché de Paris.

****

Les populations agricoles de la Normandie, de la Basse-Normandie en particulier, ne sont pas précisément portées vers les œuvres de mutualité. Il ne faut rien exagérer sans doute, et elles ne font plus preuve de cet individualisme féroce qu'on leur a tant reproché à certaine époque. Mais pourtant, personne ne peut s'étonner que la Basse-Normandie ne possède pas encore ces Syndicats puissants qui s'épanouissent dans le Maine, le Poitou et la Beauce.

De la demi-douzaine d'Associations professionnelles qui groupent les cultivateurs calvadosiens en vue de l'achat en commun des engrais et autres matières premières, la plus ancienne et la plus importante est le Syndicat agricole du Calvados, qui a fixé son siège social à Caen.

Créé dès 1885, ce Syndicat compte un peu plus de 2.000 adhérents répartis dans toutes les régions du département. Ses services d'entremise s'occupent tout autant du placement des produits agricoles que de l'achat des engrais chimiques et autres matières premières. Malheureusement, du reste, ses opérations ne semblent pas présenter toute l'importance désirable en ce qui concerne l'achat des engrais. C'est une nouvelle preuve du retard qu'accuse cette région de Basse-Normandie sur la question capitale de la fumure rationnelle du sol. Il y a quelques années encore, on entendait couramment exprimer cette opinion que les pays riches ont moins besoin que d'autres de recourir aux engrais de commerce. La démonstration contraire a été clairement faite ; à l'heure actuelle, la consommation de ces engrais est beaucoup plus active dans les terres fertiles et à culture avancée que dans les régions médiocres, et cela aussi bien en France qu'à l'Étranger.

Une Coopérative, la Société coopérative agricole de Normandie, a été créée en 1895 à côté du Syndicat du Calvados ; elle est plus spécialement chargée de l'achat des denrées qui ne rentrent pas d'ordinaire dans le cadre des opérations syndicales. Son capital s'élève à la somme modeste de 17.500 francs et le chiffre des affaires traitées en 1907 ne dépasse pas 90.000 francs.

****

Jusqu'en 1906, le Calvados ne possédait pas la moindre organisation de Crédit Agricole. Deux caisses régionales ont été créées au cours de cette année : l'une, la Caisse du Calvados, à Caen ; la seconde, la Caisse du Pays d'Auge et du Lieuvin, à Lisieux. A la fin de 1907, ces deux Sociétés régionales groupaient, dans le Calvados, 16 Sociétés locales et 1.009 adhérents ; les prêts consentis dans l'année sont montés à 853.000 francs. La Caisse régionale du Pays d'Auge et du Lieuvin, qui étend son action sur une partie de l'Eure, paraît progresser plus rapidement dans sa circonscription calvadosienne que son émule de Caen. En 1907, avec des nombres égaux de Sociétés locales et d'adhérents, et dans un rayon qui représente à peine la moitié de celui de la Caisse du Calvados, elle a réalisé un chiffre de prêts deux fois plus élevé.

***

L'assurance mutuelle contre la mortalité du bétail était représentée, au 1ᵉʳ juin dernier, par 18 Sociétés locales, avec 756 adhérents et 1.500.000 francs de capital assuré. La plus grande partie de ces Sociétés — 13 — sont affiliées à l'Union fédérale de France.

***

Chacun des six arrondissements du Calvados est doté d'une Société d'Agriculture qui organise un Concours annuel et continue les bons vieux errements en cours dans la région. Depuis la dernière réunion des Assises de Caumont, on ne constate aucun changement notable dans le fonctionnement de ces Sociétés, et nous n'aurions rien à ajouter au tableau du Rapporteur de 1903 sur le mouvement agricole du Calvados, si l'industrie beurrière de ce riche département ne subissait une transformation profonde.

Laiterie Coopérative des Fermiers d'Isigny — *Vue extérieure*

Personne n'ignore à quel point la question intéresse l'Agriculture de la région. Depuis une quinzaine d'années, le beurre normand est soumis à une dure épreuve. De longue date, il avait acquis une réputation méritée et, sans contredit, s'était placé au tout premier rang. Sur le marché de Paris, il régnait en maître, distançant sans peine le beurre de Bretagne, n'ayant à compter avec aucun concurrent sérieux. De son côté, l'Etranger lui assurait des débouchés rémunérateurs, l'Angleterre surtout, qui tenait en particulière estime les produits de Basse-Normandie. Cette situation privilégiée a été entamée de façon brutale.

Sans doute, les grandes marques d'Isigny tiennent encore la tête du marché de Paris, et certains producteurs des environs de Bayeux et d'Isigny continuent à trouver des acheteurs à des prix plus que doubles de la moyenne générale. Mais ces beurres extra-fins à 6 ou 7 francs le kilo ne représentent qu'une infime partie de la production normande, et les beurres marchands de Normandie, de beaucoup le gros lot, atteignent des cours moyens moins élevés que les produits expédiés par les Coopératives des Charentes et du Poitou. Quant à la situation sur le marché de Londres, il y a beaux jours qu'elle est encore moins brillante, si possible, et que les beurres danois et suédois ont pris la majeure partie de la clientèle anglaise. Nos expéditions sur Londres diminuent sans cesse, alors que nos concurrents étrangers augmentent les leurs dans une forte proportion.

La cause de ce recul du beurre normand, de cette défaite, serait-il plus exact de dire, est parfaitement connue. Il n'y a là qu'une simple question de fabrication. Les cultivateurs normands sont restés attachés à leurs vieilles méthodes et continuent à fabriquer le beurre à la ferme, dans des conditions qui laissent trop souvent fort à désirer. Combien de propriétaires se désolent de la qualité médiocre du beurre livré par leurs fermiers ou leurs régisseurs ! Ces produits médiocres se vendent encore assez facilement dans le pays, et, sur certains marchés, on ne fait vraiment pas assez de différence entre les qualités. Le goût de la consommation locale n'est pas suffisamment fait, c'est incontestable, alors que le client étranger se montre, et avec raison, plus exigeant, surtout sous le rapport de la conservation.

Pendant ce temps, les concurrents heureux, les Charentais et les Danois, ont résolument abandonné la fabrication ménagère du beurre, c'est-à-dire celle qui se faisait à la ferme, et ils travaillent de façon tout à fait industrielle, dans des usines parfaitement aménagées, d'après les données les plus récentes de la Science. Les beurres ainsi fabriqués sont d'une homogénéité absolue, d'une conservation parfaite. Le gros acheteur, qui recherche avant tout un produit très régulier, afin de ne pas avoir de difficultés avec ses clients, a vite et très clairement manifesté ses préférences, aussi bien à Paris qu'à Londres.

Devant ces faits indiscutables, les remèdes découlent nettement et ont été exposés à maintes reprises. La Normandie doit s'engager dans la voie qui a si bien réussi à ses concurrents. Certes, il y a lieu de faire quelques exceptions, ne fût-ce qu'en faveur des rares cultivateurs du rayon de Bayeux qui placent leurs produits à Paris à de si hauts prix ; mais ceux-là suivent déjà des procédés d'une minutie extrême, fidèlement transmis de génération en génération, et qui assurent à leurs beurres ce goût et ce parfum exquis dont il serait probablement impossible d'approcher à l'aide des procédés industriels. Hors ces cas exceptionnels, il ne fait pas de doute que la fabrication industrielle l'emporte de beaucoup.

C'est seulement quand ces méthodes de production seront transformées, améliorées, que le beurre normand pourra reprendre le terrain perdu et disputer, victorieusement cette fois, le marché anglais aux produits des pays du Nord. Encore faudra-t-il, ainsi que prennent toujours soin de l'indiquer nos agents consulaires, que l'exportation se fasse dans certaines conditions. Mais sur ce point, on l'oublie trop souvent, la Basse-Normandie, la grande exportatrice des beurres français en Angleterre, est déjà parfaitement outillée.

L'exportation directe par les producteurs, même industriels, n'a jamais été facile. Une beurrerie qui travaille 10.000 kilos de lait par jour, chiffre déjà considérable, ne peut guère songer à faire l'exportation. Celle-ci paraît réservée, en fait, à de grosses entreprises spéciales, ou encore à des Unions de Coopératives, comme au Danemark. Mais la Basse-Normandie possède depuis longtemps de grosses maisons d'exportation, à Valognes, Carentan, Isigny, Vire, pour ne citer que les principales. Ces maisons achètent les beurres de leur rayon et en font venir également en quantité d'autres départements. Le tout est d'abord trié, classé, épuré du mieux possible, puis mélangé et malaxé, bref reçoit une préparation soignée en vue de la vente Du reste, ces quelques maisons assurent la presque totalité des expéditions sur l'Angleterre et réalisent plusieurs dizaines de millions d'affaires par année.

Ces manipulations effectuées dans les magasins des maisons d'exportation étaient suffisantes autrefois, quand les concurrents ne fabriquaient pas bien. Aujourd'hui, elles ne peuvent suppléer à l'insuffisance de la qualité. De toute façon, pour regagner le terrain perdu, la Normandie se trouve donc acculée à la réforme complète de ses méthodes de fabrication du beurre ; le travail de la petite laiterie de ferme doit faire place au travail réellement industriel.

Jusqu'à ces dernières années, aucun mouvement ne se dessinait. L'enquête sur l'industrie laitière publiée en 1903 par le Ministère de l'Agriculture ne signale qu'un petit nombre de beurreries industrielles en Basse-Normandie. Dans la Manche, il n'existait alors qu'un seul établissement. Le Calvados, pourvu de près de 50 fromageries, ne comptait que 8 beurreries, et encore se bornaient-elles presque toutes à malaxer et à mélanger les beurres achetés dans leur rayon.

Enfin, le mouvement si désiré se dessine nettement ; il est possible dès maintenant de juger les résultats des premières tentatives, et ces résultats sont aussi satisfaisants qu'il était permis de l'espérer. La transformation, lente en Haute-Normandie, se précipite en Basse-Normandie, plus particulièrement dans la Manche et la partie occidentale du Calvados; la fabrication du beurre devient industrielle. Et, fait très intéressant, plusieurs méthodes sont mises en œuvre. A côté des laiteries purement industrielles, le plus souvent fondées par de gros négociants en beurre, des Coopératives se montent sans présenter toujours l'organisation-type des Charentes. A côté des Coopératives pures, il y a des beurreries à système mixte, des semi-coopératives, s'il est permis d'employer cette expression.

Ce nouveau type a pris naissance à Isigny, au centre de la meilleure région beurrière. Depuis trois ans passés, Isigny possède une usine modèle, certainement sans égale en France, et qui peut soutenir avantageusement la comparaison avec les plus belles installations des pays scandinaves. Les instruments les plus perfectionnés y sont employés; la pasteurisation de la crème et sa fermentation artificielle, qui restent une exception dans notre pays, y sont conduites de façon aussi méthothique qu'en Danemark ou en Suède; tous ses aménagements sont des plus commodes et même des plus luxueux. Cette usine superbe, qui donne des résultats remarquables, est aussi d'une importance exceptionnelle. Avec les deux stations d'écrémage de la Cambe et de Trévières, situées dans la direction de Bayeux, à 8 et 15 kilomètres d'Isigny, elle serait en mesure de travailler 100.000 litres de lait par jour, c'est-à-dire de fabriquer de 4 à 5.000 kilos de beurre.

C'est « la Laiterie coopérative des fermiers d'Isigny », type parfait de la Coopérative mixte et qui répond mieux que toute autre aux besoins de la région. Il est bien certain, en effet, qu'avec la prudence extrême, la méfiance peut-on dire, qui caractérise les cultivateurs de Basse-Normandie, il eût été absolument impossible de monter une telle usine sous la forme coopérative pure. Cette création, à laquelle des esprits timorés n'auraient pu se résoudre, un industriel, grand exportateur de beurre, a couru les risques de la faire à son compte personnel, en laissant ses fournisseurs de lait profiter des avantages considérables de la Coopération.

La Laiterie coopérative des fermiers d'Isigny a été montée dans des conditions réellement avantageuses pour les agriculteurs. Son fondateur, M. Dupont, n'a pas demandé la moindre avance de fonds à ceux qui ont bien voulu adhérer à la Société : il s'est contenté de leur faire contracter l'engagement qu'exigent toutes les laiteries industrielles, c'est-à-dire l'engagement de livrer pendant une période déterminée tout le lait de leurs vaches, en prenant pour la récolte, la production et la conservation de ce lait, les précautions indispensables à sa parfaite qualité. De son côté, il s'est engagé à fournir les immeubles et le matériel nécessaires au fonctionnement de la laiterie, à supporter tous les frais de fabrication et à faire exécuter toutes les manipulations et transformations dans les meilleures conditions possibles.

En dédommagement de ces avances considérables et de ces frais de fabrication, M. Dupont réclame seulement à chaque adhérent, au moment où celui-ci touche le prix de ses fournitures, un centime par kilo de lait livré à la laiterie. Les immeubles et le matériel restent naturellement la propriété de M. Dupont, mais le produit de la vente du beurre revient intégralement à la Société, qui en fait la répartition entre ses adhérents au prorata des quantités de lait fournies et de la richesse de ce lait en matière grasse. De plus, les sociétaires reprennent gratuitement le lait écrémé dans la proportion de 85 0/0 du lait qu'ils ont livré.

Laiterie Coopérative d'Isigny

Salle de Maturation de la Crème — Salle d'Ecrémage
(Installations faites par la Maison CORNILIS, de Paris)

Bien mieux, afin de faire disparaître entièrement la défiance des agriculteurs, la Coopérative d'Isigny garantit à ses adhérents un prix minimum pour leurs fournitures. M. Dupont dirige et paie le personnel nécessaire à la tenue de la correspondance et de la comptabilité de la Société, sous la surveillance du Conseil d'Administration ; il encaisse les fonds provenant des ventes et en fait la répartition. Le paiement s'opère en deux fois, d'abord toutes les semaines et à raison d'une avance de 2 fr. 40 par kilo de matière grasse contenue dans le lait, puis à la fin de chaque mois, quand le produit net des ventes est arrêté, sous forme d'une répartition complémentaire. Or, le contrat passé entre M. Dupont et chacun des sociétaires stipule que l'avance correspondant à une moyenne annuelle de 2 fr. 40 le kilo de matière grasse contenue dans le lait est définitivement acquise au sociétaire, quel que soit le prix de vente du beurre. Les fournisseurs sont donc assurés de toucher ainsi un prix minimum d'environ 10 centimes par litre de lait livré, sans compter la reprise gratuite du lait écrémé, et le directeur aurait à supporter la différence si le produit des ventes du beurre n'était pas suffisant pour couvrir cette avance de 2 fr. 40 par kilo de matière grasse.

Il ne fallait pas moins de tant de garanties pour amener à la Société coopérative les agriculteurs du rayon d'Isigny. Du reste, malgré tout, les fournitures de lait sont restées bien faibles au début de la fabrication. Pendant le premier mois, en juin 1905, la quantité moyenne de lait livrée par jour fut seulement de 896 kilos. Cette quantité s'est élevée progressivement à 1.065 kilos pendant le second mois, à 2.275 kilos pendant le troisième, pour atteindre 9.023 kilos avec le cinquième mois. La moyenne journalière du premier exercice, du 16 juin 1905 à fin mai 1906, accuse 7.655 kilos ; elle double en deuxième année et passe à 14.465 kilos ; enfin, pour la troisième année, s'achevant en juin dernier, elle atteint le beau chiffre de 26.947 kilos, avec le maximum de 41.522 kilos pendant le mois de mai. Aujourd'hui, l'usine d'Isigny peut travailler dans d'excellentes conditions, tout en restant encore loin de son maximum ; mais, pour arriver à ce résultat, il a fallu plus de deux ans de fonctionnement et des répartitions donnant complète satisfaction aux sociétaires.

Et de fait, les adhérents de la Société coopérative d'Isigny ont lieu d'être satisfaits. Depuis les débuts, la valeur moyenne annuelle du pot de lait, c'est-à-dire des 2 litres, ressort aux environs de 30 centimes, exactement à 29 centimes 7 dixièmes pour le dernier exercice. De ce prix se trouve défalqué le centime de retenue par kilo de lait pour frais de fabrication ; mais, par contre, on y porte, à raison de 2 centimes par kilo, la valeur du lait écrémé rendu aux fournisseurs. Même en négligeant cette valeur du lait écrémé, le prix du pot de lait monte à près de 26 centimes pour l'année, ce qui est un fort beau résultat.

Du reste, pendant l'hiver, le prix du lait dépasse de loin cette moyenne, à cause du prix de vente plus élevé du beurre — l'écart atteint 0 fr. 75 et plus par kilo, par rapport aux mois d'été — et aussi par suite d'une teneur plus élevée du lait en matière grasse. Ainsi, en novembre 1907, le lait accusait 43 gr. 2 de matière grasse par litre, tandis qu'en mai dernier, cette teneur s'abaissait à 36 gr. 5. Le kilo de beurre a été obtenu avec 20 litres de lait dans le premier cas, avec 24 litres dans le second. Les frais de fabrication restant invariables, on conçoit que le prix du lait tombe à 11 centimes en mai et monte, au contraire, à près de 17 centimes au mois de décembre, soit à plus de 37 centimes le pot, en comptant la valeur du lait écrémé. Ce dernier et magnifique résultat a été atteint plusieurs fois, notamment en novembre et décembre 1906, avec des livraisons moyennes de 9.110 kilos et de 8.619 kilos de lait par jour, puis en novembre 1907 avec 16.837 kilos de lait par jour. N'est-ce pas une nouvelle preuve des avantages que rencontreraient les agriculteurs normands, suivant en cela l'exemple de leurs concurrents des

Laiterie de la Cambe
Vue extérieure — La Salle d'Ecrémage
(Installation faite par la Maison Corbin, de Paris)

pays scandinaves, ou même simplement de leurs confrères de la Brie, s'ils s'appliquaient à augmenter de plus en plus leur production de lait en hiver ? L'alimentation des vaches laitières est plus coûteuse en hiver qu'en été, certes, mais la plus-value du lait comble largement la différence.

La progression constante des quantités de lait fournies à la Société coopérative d'Isigny prouve surabondamment combien les cultivateurs de rayon apprécient les avantages qu'elle leur procure. Il n'y a pas de doute qu'à bref délai la plus grande partie du lait de ce riche canton d'Isigny sera drainée par les trois usines de la Société. En outre, grâce à l'initiative hardie prise par le fondateur de cette magnifique Coopérative mixte, la voie est tracée dans toute la Basse-Normandie, aussi bien dans le département de la Manche que dans le Calvados.

Cependant des Coopératives du type pur ont pu se fonder également, grâce à la généreuse intervention de grands propriétaires fonciers qui ont fourni la plus forte partie des capitaux nécessaires à la construction des immeubles et à l'acquisition du matériel. Aux portes de Bayeux, à Vaucelles, le Calvados possède une belle laiterie coopérative qui fonctionne depuis deux ans et peut traiter plus de 15.000 litres de lait par jour. Une nouvelle usine coopérative se monte à Juaye-Mondaye, toujours dans le Bessin.

En somme, une heureuse émulation s'est élevée entre les Coopératives mixtes et les Coopératives du type pur. Les promoteurs de ces dernières vantent avec ardeur les avantages et la supériorité de leurs Sociétés. Les agriculteurs, proclament-ils, ont tout intérêt à former de véritables Sociétés coopératives et à monter les usines à leurs frais. De nouvelles et précieuses facilités leur sont accordées à cet effet par la loi du 29 décembre 1906, qui prévoit les avances de l'Etat aux Sociétés coopératives, jusqu'à concurrence du double du capital versé par les sociétaires et moyennant une rémunération minime, le plus souvent un simple intérêt de 2 0/0 dont bénéficie la Caisse régionale de Crédit Agricole mutuel chargée de garantir à l'Etat le remboursement desdites avances. Assurément la Coopérative pure, telle qu'elle fonctionne dans les Charentes et au Danemark, présente de précieux avantages. Avec elle, aussitôt que l'amortissement du capital est réalisé, ce qui peut être obtenu normalement en 5 ou 6 ans, il n'y a plus qu'à payer des frais généraux réduits, et les sociétaires ont, en outre, l'avantage de posséder leur usine.

Dans la pratique, il se présente bien aussi quelques difficultés. Tout va pour le mieux, à condition que le lait soit fourni en quantité suffisante dès le début et que l'amortissement se fasse rapidement, mais malheureusement ce n'est pas toujours le cas. De plus, même si l'usine est importante, les frais généraux ne s'abaisseront jamais beaucoup au-dessous d'un centime par kilo, et le minimum de 6 à 7 dixièmes de centime dont il est parfois question est bien difficilement atteint. Le dernier compte rendu de l'Union centrale des laiteries coopératives des Charentes et du Poitou ne nous apprend-il pas que la moyenne des frais généraux des 109 Coopératives affiliées, pour l'année 1907, a été de 10,98 0/0 des recettes, soit environ un centime et tiers par litre, en y comprenant, il est vrai, les frais de ramassage ?

Et puis, il ne manque pas d'écueils à éviter. Ainsi l'expérience a prouvé que, dans nombre de Coopératives ordinaires, l'unité de direction n'est pas facilement réalisée; des difficultés et des tiraillements divers se produisent, qui ont toujours une répercussion fâcheuse sur la fabrication. Avec les Coopératives mixtes, au contraire, comme celle d'Isigny, rien de semblable n'est à craindre. Le Conseil d'Administration de la Coopérative s'occupe exclusivement de la vente du beurre et de la répartition des fonds. Le directeur conserve pleine liberté en ce qui concerne la fabrication et ne cesse d'y apporter toutes les améliorations désirables. De ce côté assurément, les Coopératives mixtes montreront ordinairement une certaine supériorité. De plus, il est juste de le reconnaître, les industriels qui veulent bien se prêter à de semblables créations et consentent des avances aussi considérables doivent attendre des années avant de pouvoir rentrer dans leurs fonds; pendant les premiers mois, ils supportent même des frais de fabrication qui dépassent de loin le centime d'indemnité perçu par kilo de lait.

Somme toute, les Coopératives des deux types sont également avantageuses pour l'Agriculture, et les unes et les autres font une utile concurrence aux laiteries industrielles. Avec les Coopératives mixtes ou ordinaires d'Isigny, Bayeux et Juaye-Mondaye, les intérêts des producteurs de lait du Bessin se trouvent déjà en grande partie sauvegardés. Ils sont assurés que les prix du lait seront tenus à un taux suffisamment rémunérateur, et, comme les industriels, ils sont appelés à bénéficier dans une juste mesure de la plus-value qu'une meilleure fabrication doit assurer au beurre.

La fabrication irréprochable de ces Coopératives et de ces laiteries industrielles doit permettre à la Normandie de reprendre à bref délai une supériorité incontestée dans le domaine de l'industrie beurrière. N'est-elle point plus favorisée que ses concurrents sur nombre de points? Son excellente race laitière, donnant à la fois quantité et qualité, ses herbages renommés, son climat très propice, lui constituent autant de précieux avantages. La Basse-Normandie semble particulièrement privilégiée. Les deux départements de la Manche et du Calvados entretiennent un nombre considérable de vaches laitières, au total plus de 300.000, et récoltent des fleuves de lait. Il y a bien une région du Calvados, le Pays d'Auge, qui semble tout à fait gagnée à la production fromagère, mais il reste l'ouest du département, le Bessin, et, avec le département de la Manche, c'est un terrain sans pareil pour l'industrie beurrière. Avant qu'il soit longtemps sans doute, cette superbe région de Basse-Normandie pourra fabriquer, à elle seule, de façon industrielle, c'est-à-dire par les procédés les plus perfectionnés, une quantité de beurre bien supérieure à celle que produisent actuellement toutes les Coopératives des Charentes et du Poitou ; à ce moment, le beurre normand aura repris la place qu'il n'aurait jamais dû perdre.

Manche

La mer, qui entoure de trois côtés le département de la Manche, sur plus de 300 kilomètres de longueur, en a fait une région géographique nettement délimitée. On pourrait s'attendre à y trouver une certaine uniformité : il n'en est rien, et les contrastes les plus frappants s'y rencontrent, au contraire, pour ainsi dire, à chaque pas. Il n'est pas un de ses 6 arrondissements qui ne présente un caractère spécial ; bien mieux, les circonscriptions agricoles sont encore plus nombreuses que ses circonscriptions administratives.

Sous le terme de presqu'île du Cotentin, les géographes embrassent volontiers tout le département de la Manche et emploient couramment les deux expressions, l'une pour l'autre. On ne l'entend pas ainsi dans la Manche. Le Cotentin, proprement dit, ne correspond même plus à la circonscription de l'ancien évêché de Coutances, d'où lui viendrait son nom, mais il comprend à peine le huitième de la surface totale du département : la partie orientale de l'arrondissement de Valognes, le nord de celui de Saint-Lô et un canton à peine de Coutances.

Par contre, à côté de ce Cotentin réduit, la Hague s'étend sur un territoire infiniment plus vaste que celui où certains géographes la confinent; les habitants de la Manche attribuent à la Hague toute la partie occidentale de l'arrondissement de Cherbourg.

De l'autre côté de Cherbourg, au nord du Cotentin, c'est le Val-de-Saire, à cheval sur les arrondissements de Cherbourg et de Valognes, occupant du premier le canton de Saint-Pierre-Eglise, et du second, avec la contrée de la Hougue, la plupart des communes du canton de Quettehou.

A l'extrémité opposée du département, au Sud, on trouve l'Avranchin et le Mortainais, celui-ci empiétant sur les deux cantons d'Avranches les plus voisins de la Bretagne. Reste au centre de la Manche la circonscription agricole la plus vaste, qui s'étend sur la plus grande partie des arrondissements de Saint-Lô et de Coutances, et qui forme une sorte de transition entre les deux arrondissements du Sud et le Cotentin proprement dit.

Pour être en mesure d'apprécier les conditions agrologiques d'une région, il convient toujours de faire une étude attentive de sa géologie. Parfois, comme en Seine-Inférieure, les couches géologiques qui affleurent à la surface du sol sont peu nombreuses et présentent une grande régularité. Dans la Manche, il en va tout autrement, et la consultation des cartes géologiques détaillées relève un enchevêtrement très compliqué des différents terrains sédimentaires et éruptifs.

Toutefois, dans le centre et le sud du département, au-dessous du Cotentin proprement dit, on rencontre des assises puissantes et régulières des terrains primaires, ceux qui dominent, en somme, dans la presqu'île et en font, au point de vue géologique, le prolongement de la

Bretagne. La couche de beaucoup la plus importante, puisqu'elle forme peut-être près de la moitié de la surface de la Manche, est de nature schisteuse et appartient au système cambrien ; on l'a dénommée phyllades de Saint-Lô, en raison de l'importance de son affleurement aux environs de cette ville. Ces schistes changent parfois de forme et apparaissent mélangés d'éléments plus durs, mais, le plus souvent. leur décomposition au contact de l'air s'effectue facilement et fournit une argile assez compacte, favorable aux herbages. Avec ces phyllades argileuses, on voit alterner des affleurements très différents, d'abord des poudingues et des grés du silurien. puis des roches éruptives qui se sont fait jour au travers des terrains primaires : granite de Vire, syénite de Coutances.

Le Domaine de Coigny

Le Château de Franquetot

—

Le troupeau de
l'École Pratique d'Agriculture
de la Manche

Dans la Hague et le Val-de-Saire, on retrouve ces mêmes terrains, le granit. les schistes du cambrien et les grès du silurien, mais dans le Cotentin survient un enchevêtrement presque inextricable des différents étages géologiques. Avec des lambeaux de terrains primaires, avec des roches du cambrien, du silurien et du dévonien, les couches jurassiques, crétacées et tertiaires apparaissent. La carte géologique détaillée du Cotentin ne comporte pas moins de 32 couches sédimentaires distinctes, sans compter un certain nombre de roches éruptives. De tout cela il n'y a guère à retenir que les couches liasiques, dont les marnes, riches en potasse et en chaux, et si propices à la pousse de l'herbe, se montrent dans les cantons de Valognes, de Sainte-Mère-Eglise et de Montebourg.

Mais il arrive souvent que la fertilité et les aptitudes du sol arable dépendent surtout des dépôts alluvionnaires qui recouvrent les terrains sédimentaires ordinaires. C'est le cas dans tout le département de la Manche et dans le Cotentin en particulier. Il semble qu'à différentes reprises, la presqu'île ait été balayée par de violents courants marins qui ont produit des érosions formidables, mais ont aussi fait des apports importants. Les alluvions sont d'une importance considérable dans tout le Cotentin ; non seulement d'épaisses alluvions modernes occupent les vallées, mais des alluvions anciennes, à peu près aussi argileuses, s'élèvent à un niveau exceptionnel, atteignant des altitudes de 50 mètres et plus. Quant au diluvium, très abondant lui aussi, et qui se montre à peu près partout, il présente différents aspects. Ce n'est plus le diluvium des plateaux homogène et profond du Pays de Caux ou du Vexin, mais des dépôts de couleur variable, tantôt gris, tantôt rouges ; ces dépôts diluviaux sont sans doute moins épais et moins fertiles que le véritable diluvium des plateaux, mais leur couche argilo-silicieuse donne néanmoins un sol arable excellent et meuble, propice à la végétation.

La nature et l'abondance de ces dépôts quaternaires diffèrent avec l'altitude, et comme celle-ci varie elle-même beaucoup dans la Manche, il en résulte que l'aspect du pays et sa richesse changent d'une région à l'autre. A côté des polders gagnés sur la mer, au Mont-Saint-Michel, dans la baie des Veys et sur maints autres points du rivage, à côté des surfaces relativement considérables qui se trouvent à peine au niveau de la mer et qui, par suite, ont besoin d'être protégées contre ses incursions, les plateaux et les collines s'élèvent à des hauteurs inconnues en Haute-Normandie, dans la Seine-Inférieure et l'Eure.

C'est ainsi que le Mortainais possède des collines qui dépassent fréquemment 300 mètres, et dont l'une atteint 368 mètres. Les sites en sont charmants et ont valu à cette partie de la Manche le nom de « Suisse normande », mais le granite qui forme ces hauteurs et les grès qui lui font suite donnent des terres légères et sans profondeur, où parfois le bois seul peut pousser. L'arrondissement est de beaucoup le moins riche de la Manche, le moins pourvu d'herbages. Les récoltes sont médiocres, les animaux eux-mêmes sont d'une taille sensiblement réduite, qui vient accuser la pauvreté en phosphate et en calcaire de ces terres granitiques et gréseuses. La partie méridionale du Mortainais est un peu mieux partagée que le centre et le nord : les phyllades de Saint-Lô remplacent le granite, et l'altitude moins élevée a permis des dépôts plus abondants de limon. Ce sont les deux cantons voisins de la Mayenne, Saint-Hilaire-du-Harcouet et le Teilleul, avec leurs porcs superbes et sélectionnés de longue date.

L'Avranchin est plus favorisé que le Mortainais. On y trouve encore du granite, mais les grès ont disparu et les phyllades de Saint-Lô s'étendent davantage ; avec le voisinage de la mer, le terrain s'est surtout sensiblement abaissé et, par suite, le limon se montre plus fréquent et plus épais. Les herbages, beaucoup plus nombreux, sont excellents en certains points ; l'élevage des chevaux est florissant et les bœufs d'engraissement renommés.

Dans la partie centrale du département, l'inclinaison générale du terrain va toujours de l'Est à l'Ouest, comme de Mortain à Avranches ; l'altitude des hauts plateaux de Saint-Lô est, en effet, bien supérieure à celle des plaines de Coutances. Aux environs de Saint-Lô, les herbages dominent, et l'élevage des bovidés est en grande faveur, tandis que l'arrondissement de Coutances demeure surtout une région de céréales.

Les hauteurs granitiques et schisteuses de la Hague, qui présentent tant de ressemblance avec l'île de Jersey, sont médiocrement couvertes de limon ; cependant, ce n'est pas la partie la moins intéressante du département, au double point de vue agricole et pittoresque. De tout temps, l'élevage a été en honneur dans la Hague, ainsi que dans la partie occidentale de l'arrondissement de Valognes, son prolongement naturel. Les reproducteurs y ont toujours fait l'objet d'importants sacrifices, et la race a été conservée soigneusement ; la réputation des chevaux et des jeunes bœufs de ce pays n'est plus à faire, et lorsqu'on les transporte sur des terrains plus riches, la réussite est complète, certaine.

Boléro, nᵒ 6797 du H. B. N., par " Silencieux " et " Jumelle "
Prix de Championnat des Taureaux normands, Paris 1905
Élevé par M. Casimir Noël, à Réthoville (Manche)

Le Cotentin, c'est la plaine, par opposition au Bocage ou région montagneuse, désignation sous laquelle on range parfois le reste du département. Les petits plateaux, qui se succèdent dans le Cotentin, ne dépassent guère l'altitude de 30 mètres : les riches alluvions qui les recouvrent, et qui reposent en partie sur les couches marneuses du lias, supportent

des herbages remarquables. Mais, à côté de ses plateaux, le Cotentin possède une immense région marécageuse, le Penesme, reste de l'ancien
golfe du Cotentin, aux confins des trois arrondissements de Coutances,
de Saint-Lô et de Valognes. Pendant l'hiver, l'eau s'étend à perte de vue,
le golfe du Cotentin semble réapparaître ; avec la belle saison, le terrain
s'égoutte, l'herbe pousse avec une vigueur extrême, abondante, nutritive aussi, malgré le mélange de certaines plantes grossières.

Si le Cotentin reste la région herbagère par excellence de la Manche,
son voisin, le Val-de-Saire, n'a pas été moins bien doté par la Nature. Sa
première moitié, de Cherbourg à Barfleur, est montagneuse et, par suite,
schisteuse et granitique, mais la vallée proprement dite de la Saire, de
Saint-Vaast-la-Hougue à Sainte-Geneviève, large et riche, aux alluvions
très fertiles, montre une végétation exubérante. Ce petit coin, où se
trouvent groupées seulement quelques communes, apparaît réellement
comme la terre promise de l'herbe et de l'élevage.

La répartition des herbages entre les différentes régions est tout à
fait inégale ; le Cotentin et le Val-de-Saire, comme on le sait, sont de
beaucoup les mieux pourvus. Pourtant, nulle part la prairie n'a chassé
complètement les labours, ainsi qu'il arrive sur d'autres points de la
Normandie, dans la Vallée d'Auge ou même dans le Pays de Bray. Il
n'est guère d'exploitation où les terres labourables ne tiennent encore
une place appréciable, souvent le cinquième, presque toujours plus du
dixième de la surface totale. Sans doute, on créera de nouveaux herbages, mais le gros effort a été donné ; les sols les plus favorables à la
pousse de l'herbe ont été soustraits à la charrue, et la Nature elle-même
provoque l'arrêt de cette transformation.

Comme partout, la qualité des prés et des herbages varie, parfois
très brusquement. Question de cru, disent les praticiens ; question de
constitution des terrains, affirment les géologues, pour qui les aptitudes
inégales de champs voisins proviennent toujours de la différence des
roches venant affleurer à la surface. La flore ne saurait rester la même,
du reste, dans les plaines marécageuses submergées pendant des semaines
entières, dans les terres argileuses, profondes et compactes, et sur les
coteaux granitiques que recouvre à peine une mince couche de limon.

Cependant, c'est autant et plus peut-être aux conditions climaté-
riques qu'à la nature du sol que les prairies de la Manche doivent l'exubérance de leur végétation. Dans le centre de la France, dans l'Auxois,
dans le Bassigny, sur les couches marneuses du lias, on rencontre des
terrains infiniment plus profonds et plus riches en éléments fertilisants,
constituant un milieu plus favorable pour la prairie naturelle ; malheureusement, le climat est rude, le printemps tardif, l'hiver précoce, l'été
souvent trop sec, et la période de pousse de l'herbe se trouve singulièrement écourtée. Dans la Manche, au contraire, le climat humide et tempéré, grâce au voisinage de la mer, réduit au minimum le repos de la
végétation. Le granite, qui supporte certains herbages du Val-de-Saire,

se réchauffe si facilement que, dès le début de février, en année normale, les engraisseurs peuvent mettre leurs bêtes maigres en pleine herbe. Par contre, une quinzaine de grandes chaleurs suffit à griller ces pâtures ; mais les pluies sont assez fréquentes dans cette presqu'île pour que le mal soit vite réparé, car la verdure renaît avec la première ondée qui trempe le sol.

La qualité de l'herbe est plus surprenante encore que son abondance. Rien ne l'explique : pas plus l'analyse chimique du sol, dont les résultats sont très moyens, que la composition botanique de la prairie. Si, dans les marais du bord de la mer et de la Penesme, les carex, les joncs et les autres mauvaises plantes des terrains humides se montrent assez nombreuses sans que l'herbe cesse d'être nutritive et saine, on attribue ce fait à l'influence bienfaisante de l'eau salée, et la chose ne surprend pas outre mesure. Mais, dans le Cotentin et le Val-de-Saire, la flore des meilleurs herbages n'est jamais irréprochable ; les graminées l'emportent de beaucoup sur les légumineuses et les plantes indifférentes sont légion. Pourtant, les bêtes se portent à merveille, les bœufs à l'engraissement profitent de façon remarquable, et les animaux d'élevage se développent à souhait.

Darfour, n° 8405 du H. B. N., par " Silencieux " et " Jumelle "
Prix d'Honneur des Taureaux Normands, Paris 1907
Élevé par M. Casimir Noël, à Réthoville (Manche)

Si la prairie prête à des constatations curieuses, l'examen des autres cultures n'intéresse pas moins l'étranger, tant est grande la différence relevée à leur sujet entre la Manche et les autres régions, y compris la Haute-Normandie. La seule répartition des cultures permet d'en juger.

Prend-on, par exemple, les céréales de printemps, la statistique de 1906 leur attribue 83.000 hectares en Seine-Inférieure, dont la presque totalité en avoine, soit plus de 79.000 hectares, et 223 hectares seulement en sarrasin, alors que dans la Manche, sur 103.000 hectares, le sarrasin arrive en tête avec 42.000, l'orge ensuite avec 36.000, et l'avoine avec seulement 25.000 hectares. Par ces quelques chiffres, on constate combien les assolements diffèrent dans les deux départements. Le reste à l'avenant. Ainsi, dans la Manche, on ne trouve pas trace de betteraves à sucre, ni de colza, et seulement des surfaces insignifiantes de lin et de chanvre, 200 hectares au total en 1906, pendant que la Haute-Normandie donne l'extension que l'on sait à certaines de ces plantes industrielles.

L'Agriculture de la Manche brille assez par nombre d'autres points pour qu'on soit en droit de lui faire une critique justifiée et qu'on puisse signaler la médiocrité de ses cultures de céréales. Façons culturales insuffisantes, envahissement des plantes adventices, semences abâtardies, fumures incomplètes, toutes les traces enfin d'une culture arriérée ne sont que trop visibles ! Assurément, on rencontre des exploitations modèles qui sont pourvues d'instruments perfectionnés, emploient des engrais chimiques et cultivent des variétés sélectionnées, mais elles sont bien rares, si rares qu'il est trop facile de les compter.

Toutefois, si dans son ensemble la culture des terres labourables est arriérée, quelques productions spéciales méritent de retenir l'attention. La pomme de terre de primeur gagne sans cesse du terrain. C'est aux environs de Barfleur, sur les terres granitiques et chaudes qui assurent déjà aux herbages de la région une précocité sans pareille, qu'on la cultive surtout. Plantée parfois dès les derniers jours de janvier et en février, on commence à la récolter à la fin mai et les bateaux emportent vite en Angleterre ces primeurs très recherchées par nos voisins. Les rendements sont faibles, mais les cours sont si avantageux, que c'est la fortune pour tous les ouvriers qui se livrent à cette spéculation, apanage à peu près exclusif de la très petite culture ; on cite couramment des produits de 2.000, 3.000 francs et plus par hectare. Les choux-fleurs de Tourlaville, dans la banlieue de Cherbourg, et les asperges des riches polders de la baie du Mont Saint-Michel ne sont pas moins renommés que ces pommes de terre de primeur, et contribuent à donner une valeur exceptionnelle aux sols des petits coins propices à ces cultures spéciales.

Avec l'herbage, le pommier fait la fortune de la Manche. Dans le sud de la presqu'île, les plantations sont faites dans les herbages, ainsi qu'en Haute-Normandie, mais dans le Cotentin et le Val-de-Saire, la situation change. Là, on préfère planter les terres labourables plutôt que les herbages, peut-être parce qu'on soigne davantage ces derniers et qu'on tient à en écarter tout ce qui est susceptible de diminuer leur production, sans doute aussi parce que les pommiers se plaisent mieux dans les labours. Évidemment, les façons culturales sont rendues plus difficiles et les rendements des cultures intercalaires en souffrent, mais combien les arbres se montrent plus vigoureux !

Les conditions de milieu permettaient au département de la Manche de devenir un grand centre d'élevage. Et il l'est, en effet, dans toute l'acception du terme; peut-être même l'est-il devenu trop exclusivement. En n'accordant qu'un intérêt secondaire à leurs cultures, en convertissant en prairies naturelles toutes les terres susceptibles de pousser de l'herbe, ses agriculteurs accusent nettement leurs préoccupations. Pour eux, la valeur et la richesse d'une exploitation se jugent à peu près uniquement à ses troupeaux, et c'est à augmenter sans cesse le nombre des animaux de la ferme, à améliorer de plus en plus leur qualité, que tendent tous leurs efforts.

La Manche possède le plus riche cheptel vivant de la Normandie. Les différentes espèces animales y sont brillamment représentées, mais à ne considérer que leur valeur, c'est l'espèce bovine qui arrive de loin en tête. La statistique agricole de 1892, la dernière grande enquête décennale, lui attribue le chiffre formidable de 321.000 têtes et une valeur globale de près de 70 millions, plus du double de la valeur des chevaux. Depuis cette époque, les bovidés ont encore gagné du terrain, puisque la statistique annuelle de 1906 accuse un total de près de 383.000 têtes pour l'espèce.

Mais la Manche n'est pas seulement le département qui possède le plus de bovidés de toute la Normandie, c'est encore et surtout le berceau de la race bovine normande, le pays qui livre les reproducteurs de choix aux 20 autres départements dont se compose l'aire géographique de cette grande race. L'expression est impropre, en réalité, car la race bovine normande se subdivise en un grand nombre de variétés, différentes les unes des autres, ayant reçu des terrains qui les nourrissent des caractères spéciaux. Cependant, au-dessus de ces variétés, la cotentine émerge tellement de toute la hauteur de ses qualités exceptionnelles, sa supériorité se discute si peu que c'est bien à elle qu'on a recours, de tous les points de la vaste région occupée par les bovidés normands, pour empêcher l'abâtardissement, pour revenir le plus près possible du meilleur type de la race.

Il n'y a pas de doute sur ce point : la variété cotentine doit à la riche région qui l'élève, au Cotentin proprement dit, et au Val-de-Saire, la plupart de ses caractères, et les perd malheureusement peu à peu, lorsqu'elle est transportée hors de son berceau. Cette conformation et ces qualités sont si bien sous la dépendance du milieu que, dans le département de la Manche, on relève des différences caractéristiques entre les bovidés élevés dans des régions voisines. Combien le bétail du Mortainais ressemble peu à celui du Cotentin ! N'y a-t-il pas, au point de vue de la taille, un écart plus sensible entre les animaux de ces deux régions qu'entre ceux du Cotentin et des cantons riches de la Haute-Normandie ? L'Avranchin lui-même, bien que privilégié déjà sous le rapport des herbages, ne peut présenter, dans les Concours, beaucoup d'animaux capables de lutter avec ceux du Cotentin.

Comme tant d'autres contrées d'élevage, comme le Pays de Caux, la Manche a vu passer le courant fatal qui poussait les éleveurs au croisement, qui prétendait améliorer toutes les races bovines par l'infusion de sang Durham. Au lieu d'une longue et patiente sélection, n'était-il pas plus facile de corriger les défauts de conformation, de donner la précocité et l'aptitude à l'engraissement par l'emploi des taureaux de cette race d'élite dont la trace s'affirme si bien dans la plupart des croisements? On connaît les résultats obtenus avec cette méthode. Les éleveurs de la Manche ont abandonné ces fâcheux errements beaucoup plus tôt que leurs collègues de Haute-Normandie. Depuis des années déjà, les éleveurs du Cotentin ont répudié résolument toute idée de croisement. Il y a fort longtemps que le Cotentin et le Val de-Saire n'ont importé aucun animal ; au contraire, ces deux pays constituent à l'heure actuelle un puissant foyer d'expansion et exportent nombre d'excellents reproducteurs, mâles et femelles.

L'étude de la population chevaline de la Manche prête à deux remarques préliminaires. C'est d'abord qu'on ne rencontre guère que des anglo-normands. Il y a bien, dans les fermes voisines de la Bretagne et du Maine, quelques chevaux de trait assez communs se rapprochant des types breton et percheron, mais ce n'est là qu'une exception, et l'immense majorité des chevaux de la presqu'île du Cotentin appartiennent à la race anglo-normande. On est frappé aussi du nombre considérable de poulinières que renferment les écuries ; le département apparaît comme une immense jumenterie.

Quelques chiffres suffisent à préciser le rôle de la Manche au point de vue de la production des poulains. Les statistiques officielles font déjà ressortir des différences très sensibles entre les départements normands en ce qui concerne le nombre des juments ; la Manche en possède plus de 40.000, distançant de loin le Calvados avec 25.000 à peine, et l'Orne qui n'en compte pas plus de 28.000. Mais quantité de juments de travail n'étant pas livrées à la reproduction, il convient de chercher des indications plus précises dans la répartition des étalons des Haras nationaux. Pendant la saison de monte de 1905, l'Etat n'a pas envoyé moins de 362 étalons dans les 41 Stations de la Manche, tandis que les 17 Stations de l'Orne en recevaient seulement 92, et que 120 chevaux suffisaient aux 120 Stations du Calvados relevant des deux Dépôts du Pin et de Saint-Lô. Il est vrai qu'aux animaux des Haras, il faut ajouter les étalons « rouleurs », approuvés ou autorisés, appartenant aux particuliers ; mais les proportions précédentes n'en sont guère modifiées. Dans l'intéressant ouvrage qu'il a consacré au cheval anglo-normand, M. Gallier estime à 8.000 le nombre des juments livrées à la reproduction dans le Calvados, et à 4.800 le nombre des poulains obtenus. Pour la Manche, le même auteur compte 30.000 juments poulinières, dont une moitié seulement seraient saillies par les étalons de l'Etat, et une moyenne annuelle de 18 à 20.000 poulains.

A l'opposé de ce qui se passe dans d'autres régions, l'élevage du cheval est presque toujours mené de front avec celui des bovidés ; il est fait par les fermiers, dans ces exploitations de surface très moyenne, de beaucoup les plus nombreuses dans le département. Le bon éleveur de bovidés, qui réussit le mieux les taureaux et les génisses, est aussi celui qui possède les meilleures poulinières.

On trouve des chevaux de valeur dans tout le département, et on ne relève plus avec ces animaux les différences si tranchées qui éclatent pour les bovidés. L'Avranchin n'a pas un élevage moins réputé que les environs de Valognes ; la Hague produit des bêtes d'élite, tout comme le Val-de-Saire. Cependant, les écuries du Cotentin passent pour détenir les meilleures origines, les poulinières les mieux racées ; d'ailleurs, c'est dans ces Stations, notamment à Carentan, à Sainte-Marie-Eglise et à Sainte-Marie-du-Mont que l'Administration des Haras envoie toujours ses étalons de tête.

Le troupeau de M. C. Lefauconnier, au domaine des Grandics
à Sainte-Marie-du-Mont (Manche)

En fait, l'élevage des chevaux dans la Manche a bénéficié largement de ce qui a manqué jusqu'alors à celui des bovidés : contrôle sévère des origines, sélection basée sur la valeur réelle autant et plus que sur les formes extérieures, conservation des meilleurs reproducteurs. Aidés et dirigés par l'Administration des Haras, les éleveurs ont ainsi obtenu des résultats merveilleux, en un temps relativement court, et les animaux de tête de cette magnifique race métisse qu'on appelle anglo-normande semblent approcher actuellement bien près de la perfection.

Pour les moutons, la presqu'île du Cotentin ne se montre plus le puissant foyer d'expansion qu'on ne peut lui dénier d'être pour les espèces bovine et chevaline ; elle se contente d'exploiter des races ovines qui n'ont guère de notoriété en dehors de ses frontières. Du reste, le mouton n'est en faveur, dans ce département, que depuis quelques années seulement.

Les troupeaux ne comptent pas un grand nombre de têtes ; ils restent presque toujours d'un effectif moindre que ceux de bovidés, mais chaque cultivateur possède quelques animaux. Les ouvriers eux-mêmes en ont, qui trouvent leur nourriture comme ils peuvent, sur les terrains vagues ou sur le bord des chemins. On rencontre du reste des moutons partout : par petites bandes, dans les herbages les plus plantureux, à côté des troupeaux de bovidés, ou sur les landes, ou encore au bord de la mer, sur les polders ou les mielles, au piquet sur les monticules d'alluvions marines que séparent des flaques d'eau salée. Sous la seule influence d'un régime aussi parfait, les moutons des vieilles races locales de la Manche devaient accuser une amélioration sensible ; les éleveurs ont hâté cette amélioration en recourant au croisement, qui ne pouvait présenter d'inconvénients dans le cas particulier. Aujourd'hui, à côté des vieux types indigènes dont on retrouve trace dans quelques cantons, il existe deux races nettement définies, qui sont comprises dans la classification officielle sous la dénomination un peu vague de races du littoral de la Manche : race du Nord et race du Sud.

Passe-t-on aux porcs, on trouve encore que la Manche entretient des quantités considérables de ces animaux. La statistique relève qu'elle en a davantage, à elle seule, que les quatre autres départements de la Normandie ; c'est même, après les Côtes-du-Nord, le département français qui possède le plus de truies.

Ainsi, pour toutes les espèces d'animaux de ferme, la Manche est un remarquable centre d'élevage. Et c'est, avant tout, un pays où l'on s'occupe de faire naître. L'éleveur cherche à entretenir le plus possible de femelles, qu'il livre toutes à la reproduction, pour en obtenir des jeunes qu'il vend parfois de suite après leur naissance, ou du moins à leur sevrage, comme les poulains et les porcs de lait, ou qu'il élève jusqu'à ce qu'ils aient atteint leur maximum de valeur comme reproducteurs, tels les taureaux et les vaches, ou encore qu'il engraisse au plus tôt, ce qui est le cas pour les agneaux gras. Ces différentes spéculations animales sont également réussies, et cela grâce, on ne saurait trop le répéter, aux conditions si favorables du milieu et à l'habileté professionnelle des éleveurs.

*_**

Avec le Calvados, le département de la Manche est bien la région de

Normandie où les agriculteurs ont conservé le caractère le plus indépendant et sont le moins portés à recourir aux avantages de l'association. La Manche ne compte qu'un véritable Syndicat agricole, celui des Agriculteurs de la Manche, créé en 1886, et dont le siège social est Villedieu-les-Poëles, petit chef-lieu de canton du sud du département.

Grâce à l'organisation de groupes cantonaux et à l'active propagande qu'il exerce, le Syndicat des Agriculteurs de la Manche est parvenu à grouper près de 3.500 adhérents. C'est déjà un nombre très respectable ; malheureusement, en dépit de l'activité et du dévouement des administrateurs, les services d'entremise sont loin de présenter une importance proportionnelle. En 1907, le Syndicat de la Manche a livré à ses sociétaires 26.000 quintaux d'engrais chimiques, contre 20.000 quintaux l'année précédente. C'est une quantité bien faible pour une circonscription aussi étendue. Il est vrai que la progression, d'une année à l'autre, se montre satisfaisante, et il ne faut pas désespérer de voir les agriculteurs de la Manche arriver enfin aux méthodes rationnelles de culture.

A défaut d'une extension plus grande de ses services d'entremise, le Syndicat de la Manche s'est occupé avec ardeur des diverses questions d'intérêt primordial pour l'Agriculture : assurances mutuelles, crédit agricole, coopératives laitières, etc. Enfin, il participe activement à la diffusion de l'enseignement agricole et subventionne plusieurs Comices.

*
* *

La Caisse régionale de Crédit mutuel agricole de la Manche, créée par le Syndicat départemental, a fixé son siège social à Saint-Lô. Elle ne fonctionne que depuis deux années à peine, d'où un nombre restreint d'affaires.

Phot. Diaz, Carentan

Toutebelle, à M. Lecauconnier
Prix de Championnat des Vaches normandes au Concours général de Paris 1909

Pendant l'année 1907, les 10 Sociétés locales affiliées à la Caisse régionale, et qui groupent 260 adhérents, ont consenti seulement 23.750 francs

de prêts. En 1908, il y a eu une certaine progression — environ 80.000 fr.
de prêts pour les 8 premiers mois ; — mais la majeure partie des affaires
ont été réalisées par les deux Sociétés locales de Saint-Lô et de Saint-
Malo-de-la-Lande ; le mouvement des autres reste à peu près insignifiant. Il est vrai que la Caisse régionale ne disposait au début de l'année
que d'assez faibles ressources : un capital versé de 16.000 francs, auquel
venaient se joindre 63.000 francs d'avances de l'Etat.

*
* *

Les efforts du Syndicat, et aussi ceux des Sociétés d'Agriculture de
l'arrondissement de Cherbourg, ont abouti à des résultats plus satisfaisants avec l'assurance mutuelle contre la mortalité du bétail. Fin 1897,
la Manche comptait seulement 3 assurances mutuelles, avec 71 adhérents
et 353.000 francs de capital assuré. Au 1ᵉʳ juin 1908, le nombre des Sociétés
est de 57, celui des agriculteurs affiliés 5.353, et le capital assuré monte
à tout près de 10 millions de francs (exactement 9.932.000 francs). Ce n'est
pas encore le dixième de la valeur totale du bétail de la Manche ; mais
il n'y en a pas moins là un effort considérable.

Le fonctionnement des Sociétés ne va pas toujours sans difficultés,
ce qui tient à ce que certaines de ces Sociétés ne réclament pas une
prime assez forte et que, d'autre part, la mortalité varie sensiblement
d'une région à l'autre, par exemple des prairies marécageuses aux herbages de plateaux.

La réassurance n'existe pas, et ne saurait d'ailleurs être organisée
avant la revision et l'unification des statuts des diverses Sociétés locales.

*
* *

Chaque arrondissement possède une Société d'Agriculture, qui organise d'ordinaire deux Concours annuels : l'un, au printemps, pour les
taureaux ; le second, à l'automne, pour les autres animaux de la ferme.
On a bien reconnu la nécessité d'un Concours central, car le Conseil
général subventionne un Concours-Foire pour les espèces bovine et
porcine, qui a lieu en décembre depuis quelques années, mais il n'existe
pas encore de grande Association centrale chargée de la tenue de cette
exhibition départementale.

L'évolution laitière se précipite dans la Manche depuis 3 ou 4 ans, et
la fabrication du beurre tend à s'industrialiser de plus en plus. Une
Coopérative mixte, du type de la Société des Fermiers d'Isigny, a été
fondée à Périers et fonctionne exactement dans les mêmes conditions,
c'est-à-dire que les sociétaires versent 1 centime par kilo de lait traité
au directeur fondateur pour l'indemniser de ses frais de fabrication et
rémunérer les capitaux engagés dans la construction de l'usine et les
installations. Cette usine reçoit plus de 20.000 litres de lait par jour, au
fort de la saison.

De son côté, le Syndicat des Agriculteurs de la Manche a réussi à
monter une Coopérative du type ordinaire, dans le sud de la Hague, à

Les Étalons du Haras du Pin

JUVIGNY, demi-sang normand, par ''Cherbourg'' et ''Formosa''
né en 1887 à Almenêches (Orne)   Acheté 20.000 francs à M. LALLOUET, en 1890.

Benoilville. Créée il y a moins de 4 ans, cette Coopérative reçoit également jusqu'à 20.000 litres de lait par jour et a pu amortir tout son capital (80.000 francs) en 3 années seulement. A une quinzaine de kilomètres de distance, à Sottevast, aux environs de Valognes, une seconde Coopérative sera mise très prochainement en route.

Mais ce sont surtout les beurreries industrielles qui se multiplient rapidement. Avec les laiteries de Cherbourg, La Chesnée, Le Val-d'Ouve, Chef-du-Pont, Lessay, Sideville, qui ont les unes 2 ou 3 ans de fonctionnement, les autres quelques mois seulement, et celle de Chiffrevast, dont l'ouverture est prochaine, le Cotentin dispose de nouvelles usines parfaitement outillées, capables de traiter plus de 150.000 litres de lait par jour.

Le mouvement est donc aussi satisfaisant que possible. C'est une transformation complète de l'Industrie laitière dans la région du Cotentin, et les cultivateurs commencent à en recueillir les premiers bénéfices; grâce à l'heureuse concurrence des Coopératives et des Laiteries industrielles, les cours moyens du lait sont en hausse sensible.

Ces heureuses modifications à des errements séculaires font bien augurer des autres réformes qui s'imposent à l'Agriculture de la Manche, si elle veut tirer de ses merveilleuses ressources naturelles tout le profit qu'elle est en droit d'en espérer.

Orne

La Normandie n'a guère fourni à l'Orne qu'une moitié de son territoire, et cependant ce département présente bien dans son ensemble les caractères dominants de cette belle province. C'est que le Perche, qui lui vient du Maine, et le duché d'Alençon ne constituent pas les parties de l'Orne les moins riches en herbages, ni les moins propices à l'élevage.

Phot. Jean DELTON

Le Haras du Pin — Le Château

Comme dans les autres départements de la Basse-Normandie, la diversité des couches géologiques fait varier à l'extrème la composition des sols et, par suite, leurs aptitudes. Trois grandes régions se distinguent : deux régions montagneuses, le Bocage, à l'Ouest, avec l'arrondissement de Domfront et une partie des arrondissements d'Alençon et d'Argentan ; le Perche, à l'Est, avec l'arrondissement de Mortagne ; la troisième, la Campagne, au Centre, sur le reste du département.

Le Bocage de l'Orne présente le même aspect que les autres parties du Bocage normand, le Mortainais, dans la Manche, et l'arrondissement de Vire, dans le Calvados ; géologiquement, c'est la dernière poussée du Massif armoricain vers les formations secondaires du centre de la Normandie. Ses granites donnent des terres légères favorables au sarrazin, ses schistes et ses alluvions des terres plus fraîches qui conviennent mieux à la prairie naturelle, tandis que ses grès, visibles surtout à la crête des collines les plus élevées, ne conviennent guère qu'à la végétation forestière.

Le Perche, aux terrains mouvementés, montre des dépôts crétacés et de l'argile à silex, mais cette dernière est souvent recouverte d'un bon diluvium en couche assez épaisse. La Campagne, ou plus exactement la série de Campagnes qui d'Alençon remontent au Nord vers le Calvados : le Saosnois, la Campagne d'Alençon, la Plaine de Séez, le Hiémois, le Pays d'Houlme et d'autres encore, présentent toute la série des dépôts secondaires déjà rencontrés dans le Calvados. Tantôt ce sont des calcaires durs et secs, peu propices aux cultures, tantôt des marnes et des argiles profondes et riches, ou bien des alluvions épaisses qui apportent la fécondité sur des formations médiocres.

Les hautes collines du Perche et du Maine, qui forment les deux régions montagneuses du département, ont une influence sensible sur son climat et lui valent des chutes de pluie supérieures à la moyenne. La région de Domfront et le Pays de Caux sont les deux pôles humides de la Normandie, mais les pluies abondantes et fines qu'ils reçoivent ne font qu'assurer la continuité de la végétation et apporter ainsi un important élément de succès à l'Agriculture locale.

Tous les démographes signalent la rapide dépopulation du département de l'Orne ; c'est peut-être la région de notre pays où l'exode rural s'accuse le plus. L'Orne a perdu 120.000 habitants dans les 70 dernières années, soit 28 0/0 de sa population de 1836. Cette malheureuse situation a produit une rareté de la main-d'œuvre très accentuée qui a amené la transformation des terres de labour en herbages, au détriment de leur productivité. Les labours diminuent sans cesse. En 25 ans, le blé a vu ses emblavures se réduire d'un quart, tandis que les herbages et les prairies naturelles passaient de 130.000 hectares en 1852 à 210.000 hectares en 1906. Les cultures industrielles n'existent pour ainsi dire pas, mais les plantations de pommiers sont importantes et assez bien entretenues, ce qui assure à l'Orne l'un des tout premiers rangs pour la production des fruits à cidre.

Les animaux de ferme sont nombreux, sensiblement moins cependant que dans la Manche, la Seine-Inférieure et le Calvados. L'Orne n'arrive ainsi qu'au quatrième rang en Normandie pour l'importance de son cheptel vivant, mais il l'emporte lui-même de beaucoup sur l'Eure, si l'on en excepte toutefois l'espèce ovine.

A défaut d'une densité extrême des animaux de ferme, l'Orne possède un élevage tout à fait remarquable, surtout en ce qui concerne l'espèce chevaline. Ici, la supériorité du département est incontestée, et il en donne une preuve éclatante depuis 4 ans, au Concours Central de Paris, où il envoie à lui seul près du quart du millier de chevaux qui se trouvent rassemblés dans la Galerie des Machines.

La renommée de ses demi-sang n'est plus à célébrer. De longue date, le cheval du Merlerault est très apprécié ; quant au trotteur normand, les meilleures et les plus importantes de ses écuries se trouvent incontestablement dans l'Orne, en particulier dans la Campagne d'Alençon. Les races de trait sont également représentées de façon parfaite. La région de Domfront s'est acquis une certaine réputation avec ses rustiques chevaux de sang breton ; l'arrondissement de Mortagne, de son côté, se livre avec plein succès à l'élevage de la race percheronne pure.

La Ferme Neuve, à M. J. Aveline, près Regmalard (Orne)

Le gros bétail, dans son ensemble, présente moins de distinction ; les bonnes étables ne manquent pas, mais l'Orne ne peut soutenir la comparaison avec la Basse-Normandie, le Cotentin par exemple. L'engraissement à l'herbage est fait sur une assez large échelle, et se pratique tout autant avec des animaux métis achetés en Anjou ou dans le Maine qu'avec des bêtes de race normande.

Somme toute, qu'il s'agisse de la culture ou de l'élevage, toutes les branches de l'Agriculture de l'Orne sont en progrès sensibles depuis une quinzaine d'années. Dans cette région, à cheval sur la Normandie et le Maine, il y a certainement un esprit d'initiative plus fécond qu'en Basse-Normandie. De grands propriétaires donnent l'exemple des bonnes méthodes, tandis que des groupements importants ont réussi, de leur côté, à obtenir des résultats très appréciables.

**

Depuis quelques années déjà, le Syndicat des Agriculteurs de l'Orne, fondé en mars 1885, peut inscrire sur ses registres près de 7.000 adhérents, — exactement 6.814 à fin 1907. — C'est donc une grande Association qui doit exercer une influence profonde sur l'Agriculture de son département. Son action s'étend, en effet, dans tous les arrondissements ; toutefois, l'arrondissement de Mortagne, le Haut-Perche, possède un Syndicat particulier, presque aussi ancien que celui de l'Orne, et qui compte 1.500 adhérents. Par suite, le Syndicat départemental n'a qu'un nombre restreint de sociétaires dans l'arrondissement de Mortagne, le douzième à peine de .'effectif total, le tiers ou le quart de ce que lui donne chacun des autres arrondissements.

Ses services d'entremise pour l'achat présentent une autre activité que les services analogues des Associations de la Manche ou du Calvados. Au courant de 1906, le Syndicat de l'Orne a livré à ses adhérents 56.000 quintaux d'engrais et de fournitures diverses. La consommation des engrais est donc sensiblement plus élevée dans l'Orne que dans les autres régions de la Basse-Normandie, bien qu'il reste beaucoup de progrès à faire de ce côté. Le relevé des engrais achetés montre, d'ailleurs, que la culture de l'Orne utilise à peu près exclusivement des engrais phosphatés, superphosphates minéraux, scories et phosphates naturels ; elle demande fort peu d'engrais azotés: nitrate de soude ou sulfate d'ammoniaque ; quant aux engrais potassiques, elle en ignore à peu près l'usage, puisque les comptes de l'année 1907 signalent seulement 18 sacs de kaïnite et 125 quintaux de chlorure de potassium.

Le Syndicat de l Orne est beaucoup moins commercialisé que ses puissants émules de la Sarthe et du Loir-et-Cher. Il prend soin de rester, dans la plupart des cas, l'intermédiaire qui transmet simplement les ordres et surveille la parfaite qualité des livraisons. Du moins, c'est la règle pour toutes les expéditions par wagons complets, faites directement aux adhérents isolés ou groupés en Cercles. Dans ce cas, la facture est établie au compte de l'adhérent, ou du trésorier du Cercle, la traite présentée à son domicile ; le Syndicat n'intervient nullement dans le paiement. C'est le système en vigueur dans nombre de Syndicats, le système d'abord adopté au lendemain de la promulgation de la loi du 21 mars 1884.

Cependant, le Syndicat de l'Orne tient ouverts plusieurs dépôts où ses sociétaires peuvent venir s'approvisionner à toute époque et par toutes quantités. Il y a un dépôt central à l'entrée d'Alençon, près de la gare, face à la magnifique esplanade où se tiennent les plus grandes foires aux chevaux de la région. Celui-là est géré directement par le Syndicat. Les marchandises sont vendues avec une légère majoration sur les prix par wagons complets, majoration qui doit couvrir les frais de magasinage, le traitement des employés et autres dépenses accessoires. Le dépôt paie les fournisseurs et encaisse la valeur des marchandises livrées ; il a un compte spécial, séparé de celui du Syndicat. C'est une espèce de petite Coopérative, à laquelle le Syndicat prête une partie de ses fonds de réserve pour assurer la marche normale de ses affaires. Les bénéfices du dépôt sont insignifiants — 758 francs en 1907, pour un montant de ventes de 161.000 francs — et reviennent en fin d'exercice à la Caisse syndicale. En sus de ce dépôt principal, le Syndicat en entretient 4 autres, à Laigle, Argentan, Séez et Le Mesle, dont la gestion est conduite un peu comme dans la Sarthe.

Imitant certains autres Syndicats agricoles, mais avec des perfectionnements dignes de remarque, le Syndicat de l'Orne a organisé des sections spéciales en vue de favoriser le recrutement des adhérents et surtout de faciliter le groupement des engrais par wagons complets. Ces sections, dénommées Cercles agricoles, s'occupent également de toutes les questions intéressant les agriculteurs de leur rayon. Les unes ont fondé des Sociétés d'assurance mutuelle contre la mortalité du

A la Ferme Neuve, chez M. Aveline. — *Poulains Percherons au Pâturage*

bétail, les autres ont acheté des appareils perfectionnés, surtout des trieurs à grains, puis des scarificateurs, houes à cheval, faucheuses et semoirs à grains, etc..., et elles les prêtent à leurs sociétaires, moyennant une cotisation très réduite ; d'autres encore, soucieuses de stimuler et d'améliorer l'élevage des bovidés, se sont procuré des taureaux de choix.

Les Cercles agricoles, actuellement au nombre de 70, ont leurs statuts particuliers et perçoivent une légère cotisation variant de 15 centimes à 1 franc et se montant en moyenne à 0 fr. 50, qui vient s'ajouter à la cotisation très modique de 1 franc que chaque sociétaire paie au Syndicat de l'Orne. Mais ils ont d'autres ressources. Le Syndicat reçoit en fin d'exercice, de ses fournisseurs, une commission de 2 0/0 sur le montant des achats ; il abandonne aux Cercles une moitié, soit 1 0/0, des remises provenant des fournitures faites à leurs membres.

Parmi les services spéciaux du Syndicat de l'Orne, une autre mention doit être accordée à l'assurance contre les accidents du travail. Un contrat est intervenu avec la Compagnie *La Providence*, qui a accordé des conditions de faveur aux syndiqués, sous la réserve que les polices soient signées et l'encaissement des primes effectué par l'intermédiaire du Syndicat. Le premier contrat date de 1897 ; les polices établies depuis cette époque s'élèvent à 1.132. Moyennant une prime de 1,60 par hectare de labour et 1,25 par hectare de prairie et de bois, la Compagnie garantit la responsabilité civile du chef d'exploitation, jusqu'à concurrence de 7.000 francs, vis-à-vis de son personnel, et aussi vis-à-vis des tiers, par suite des accidents causés par lui ou son personnel ; en outre, l'assuré, sa famille et son personnel profitent tous de l'assurance, et la Société paie les frais de médecin et le pharmacien. Le minimum de la prime annuelle est de 25 francs.

**

En novembre 1906, le Syndicat a participé à la création de la Caisse régionale de crédit mutuel agricole de l'Orne, en souscrivant 200 parts de 50 francs, soit 10.000 francs, sur un capital versé de 33.700 francs. La Caisse régionale a bénéficié de 100.000 francs d'avances de l'Etat. A la fin de 1907, le nombre des Sociétés locales affiliées n'était encore que de 8, groupant 293 adhérents ; les prêts de l'année n'ont pas dépassé 47.280 francs.

Deux Caisses locales ne sont pas affiliées à la Caisse régionale ; c'est donc seulement l'amorce du Crédit Agricole. Toutefois, un développement rapide est à prévoir, car le Syndicat vient de prendre une décision importante, qui ne peut manquer de donner un vif essor au Crédit. Fin juillet dernier, son Bureau annonçait aux adhérents, par la voie du *Bulletin* mensuel, que dorénavant le Syndicat prenait à sa charge les intérêts de toutes les avances consenties par les Sociétés locales de crédit aux Cercles agricoles pour le paiement au comptant des engrais destinés à leurs adhérents.

On se demande comment il est possible au Syndicat de l'Orne de consentir pareille libéralité. La chose est toute simple. Grâce à une gestion très économe, ce Syndicat possède un actif important et réalise chaque année d'assez grosses économies. A la fin de 1908, l'avoir syndical atteignait 106.000 francs. Les recettes de l'année (cotisations des sociétaires, ristournes des fournisseurs, intérêts des fonds de réserve, etc...) ont atteint 16.500 francs, laissant un boni de plus de 6.000 francs, toutes dépenses payées. Le Syndicat n'a pas besoin d'augmenter sans cesse son actif et préfère consentir un sacrifice de plusieurs milliers de francs par an, s'il est nécessaire, pour assurer le développement du Crédit Agricole.

Les Cercles vont trouver dans cette combinaison un gros élément de prospérité, et ils auront intérêt à organiser, chacun de son côté, une

Société locale de crédit mutuel. Les adhérents auront double bénéfice à faire payer leurs engrais au comptant par les Sociétés locales de crédit; ils profiteront d'abord d'un escompte de 2 0/0, puis ils retrouveront, en place d'un délai de paiement de 3 mois, un délai de 6 mois au moins, qui leur sera accordé gratuitement, les intérêts de ces avances étant mis au compte de la Caisse du Syndicat. Celui-ci en profitera à son tour, car il verra augmenter le nombre de ses adhérents et le chiffre de ses affaires, et avec ces dernières grossiront les ristournes versées par les fournisseurs. En somme, le sacrifice consenti par le Syndicat ne sera perdu pour personne, et le Crédit Agricole en recevra certainement une forte impulsion.

****

La situation, dans l'Orne, de l'assurance mutuelle contre la mortalité du bétail rappelle à peu près celle de la Manche. Le nombre des Sociétés n'est pas élevé, — 25 au 1ᵉʳ juin dernier, — mais le capital assuré présente une certaine importance, car il atteint 6.359.000 francs pour 2.700 cultivateurs. Depuis le 1ᵉʳ juin, 8 nouvelles Sociétés ont fait le dépôt de leurs statuts.

L'élevage du Percheron

A la Ferme Neuve chez M. AVELINE — *La rentrée des étalons*

Le Conseil général a fait étudier la question de la réassurance; mais, après avoir constaté que les chiffres des cotisations et des indemnités et le mode d'administration étaient trop variables d'une Société à l'autre, il n'a pas donné suite à son projet.

L'Orne compte 24 Comices, dont 3 Comices d'arrondissement, qui organisent dans leur circonscription des Concours de culture, des Expositions de produits et enfin des Concours de chevaux, bestiaux, porcs et moutons.

Des ressources insuffisantes, et le prix de leur cotisation de 5 francs, qui écarte les petits cultivateurs, ne leur ont pas permis d'exercer une influence suffisante sur l'élevage local, qui se laisse distancer de plus en plus par celui de la Manche. La démonstration vient d'en être faite une fois de plus au Concours spécial de la race bovine normande tenu à Flers, en septembre dernier ; le département de la Manche y a remporté à lui seul plus des deux tiers des prix, alors que les éleveurs de l'Orne, avec 88 animaux, plus du quart de l'effectif total, n'ont remporté que 1.300 francs de prix sur un total de 17.000 francs.

Aussi une campagne est-elle menée depuis deux ans, en vue d'améliorer d'abord les taureaux et par eux l'élevage en général, par la Société d'Agriculture de l'Orne, fondée à la fin de 1902.

Cette Société a créé un Concours annuel, où elle décerne des primes d'approbation de 200 francs, à raison de 4 ou 5 par arrondissement, aux taureaux qui lui paraissent réellement susceptibles, par leur qualité, d'avoir une influence améliorante.

Ce Concours se tient au printemps et alterne entre les différents chefs-lieux d'arrondissement. Il a eu lieu en 1907 à Alençon, en 1908 à Domfront. Il se tiendra en 1909 à Argentan.

Par l'association de ses efforts à ceux des Comices qui récompensent surtout l'élevage local, à ceux du Syndicat qui, lui, s'occupe de mettre sur pied le plus possible de petites Sociétés d'élevage analogues à celles qui fonctionnent et donnent des résultats si satisfaisants dans les pays du Nord, en Suisse et dans le Doubs, il y a lieu d'espérer qu'elle arrivera, avec beaucoup de temps et de sacrifices, à réaliser dans l'élevage de l'Orne des améliorations qui lui permettront de rivaliser avec celui de ses voisins.

Eure

Le département de l'Eure n'est sans doute pas le plus favorisé des cinq départements formés par l'ancien duché de Normandie ; mais, dans son ensemble, il n'en a pas moins reçu de la Nature des dons précieux, et les agriculteurs sont assurés de voir le succès répondre à leurs avances et à leurs efforts.

Le climat est tempéré, mais humide et variable, sans grands froids et sans chaleurs extrêmes, en raison du voisinage de la mer et du peu d'élévation du sol.

L'Eure présente six vastes plateaux séparés par des vallées plus ou moins larges et profondes creusées dans le terrain crétacé qui sert de

Les grandes exploitations du Vexin

La ferme de Brémule, à M. BULTEL. — *Le départ aux champs*

base au département. D'autres vallées d'érosions moins importantes sillonnent encore le territoire, qui se trouve ainsi divisé en plusieurs régions distinctes les unes des autres par le sol, l'exposition, le climat, les cultures, et qui portent des noms différents.

Le premier grand plateau et le plus important, entre l'Epte, l'Andelle et la Seine, forme l'arrondissement des Andelys, qui offre une analogie marquée avec le département du Pas-de-Calais. Il appartient au Vexin normand. Le second, de forme allongée, est situé entre la Seine, la Risle et l'Iton ; il comprend le Roumois et la Plaine du Neubourg. Le troisième est limité par la Seine et par l'Eure, il occupe une partie des arrondissements d'Evreux et de Louviers. Le quatrième, entre l'Eure et l'Iton, comprend une fraction du Perche et le plateau de Saint-André. Le cinquième, à la limite du Calvados, forme la Plaine du Lieuvin. Le sixième, entre la Risle et la Charentonne, renferme le Pays d'Ouche.

Le sous-sol crayeux de l'Eure est généralement recouvert par l'argile à silex et le diluvium des plateaux ; les neuf dixièmes des terrains agricoles appartiennent à ces deux formations.

Le sol du département convient généralement à toutes les productions compatibles avec le climat : prairies, céréales et plantes industrielles.

Les bois couvrent plus de 110.000 hectares, répartis principalement dans les arrondissements d'Evreux et de Pont-Audemer.

Le Vexin normand a toujours été considéré comme l'une des régions les plus fertiles de la France. Le diluvium des plateaux, qui recouvre d'un manteau épais l'argile à silex et les puissantes assises crayeuses du sous-sol, est surtout remarquable par ses qualités physiques. Lorsque ce limon est mis en état, fortement marné, défoncé à une profondeur suffisante et bien pourvu de matière organique, il donne des récoltes qui ne le cèdent en rien à celles des plaines fécondes du nord de la France.

Le centre et le nord-ouest du département ne sont pas moins bien partagés. Sur les épaisses couches crétacées qui forment les hautes falaises contre lesquelles vient se heurter la Seine, c'est toujours l'argile à silex, et sur l'argile à silex un diluvium des plateaux d'une grande épaisseur. Ainsi s'explique la renommée des terres de la Plaine du Neubourg, du Roumois et du Lieuvin. Il y a bien certaines différences entre les aptitudes des terres de ces trois régions, mais elles n'en sont pas moins excellentes.

La Plaine du Neubourg, par le parfait égouttement de son sol, se rapproche plutôt du Vexin, tandis que le Roumois, reposant sur une argile à silex un peu plus compacte, rappelle les plateaux fertiles du Pays de Caux, en Seine-Inférieure, qui dominent l'autre rive de la Seine.

La compacité de l'argile à silex s'exagère encore dans le Lieuvin, et les couches parfois glaiseuses de la glauconie viennent ajouter à l'imperméabilité du sous-sol, rendant le diluvium de la couche arable beaucoup plus humide, partant plus favorable aux herbages.

Ce n'est que dans le sud du département que le sol perd de sa fertilité. L'argile à silex n'est plus recouverte par le diluvium, et c'est des éléments divers qui proviennent de sa désagrégation que se trouve constituée la terre arable. Encore, la Plaine de Saint André, où l'argile ne renferme pas trop de silex et se rapproche beaucoup par ses qualités physiques du limon des plateaux, n'est elle pas de si mauvaise qualité dans son ensemble. Le Pays d'Ouche, seul, au Sud-Ouest, doit être considéré comme une région agricole médiocre ; il n'occupe pas plus du dixième de la superficie totale de l'Eure. La couche arable y est peu profonde et repose sur un sous-sol à peu près imperméable, le « grison », qui n'est qu'une argile à silex très caillouteuse agglutinée par un ciment ferrugineux.

Les petites vallées étroites et profondes qui découpent les plateaux sont presque toujours tapissées par des prairies naturelles de bonne qualité où l'irrigation est très facile.

Si la Vallée de la Seine montre de Vernon à Pont-de-l'Arche, sur une longueur de plusieurs kilomètres, des alluvions modernes graveleuses dont la qualité laisse à désirer, les communes de cette Vallée n'en sont pas pour cela au nombre des moins fortunées, car une abondante production de légumes et de fruits apporte l'aisance dans la masse de leurs petits cultivateurs.

Tout le monde se plaît à reconnaître aujourd'hui que l'Agriculture de l'Eure est en grand progrès. Il est juste également de dire que le Vexin, distançant de loin les autres parties du département, avait modifié depuis longtemps ses méthodes de culture, pour marcher de pair avec le nord de la France. La Plaine du Neubourg a suivi tout d'abord l'exemple du Vexin, puis le progrès a fait tache d'huile, et il a gagné les autres régions jusqu'aux plus réfractaires.

Les améliorations capables d'augmenter les revenus agricoles sont nettement définies, qu'il s'agisse des pratiques culturales ou des spéculations animales, et on tombe facilement d'accord sur les meilleurs procédés à suivre.

L'extension des herbages et la multiplication des pommiers, deux des principales richesses de la Normandie, s'imposaient tout d'abord.

Longtemps, en effet, on a cru que les plateaux qui couvrent la plus grande partie du territoire de l'Eure ne pouvaient porter que de médiocres herbages, et qu'il était préférable de les laisser à peu près exclusivement en terres de labour.

L'expérience a prouvé qu'il n'en était rien. Dans les sols profonds du Vexin, de la Plaine du Neubourg et du Roumois, l'herbe pousse vigoureusement, et sans se montrer aussi nutritive ni aussi abondante que dans le Cotentin, le Bessin, la Vallée d'Auge ou le Pays de Bray, ni convenir aussi bien à l'engraissement, elle permet de tirer du sol un produit rémunérateur et satisfait à toutes les exigences de l'élevage et de l'entretien des vaches laitières. Le sol humide du Lieuvin est encore plus propice à la prairie ; l'herbe y acquiert assez de qualité pour permettre l'engraissement des bœufs.

Le pommier, complément de l'herbage, d'autant mieux indiqué que le sol est plus sujet à souffrir de la sécheresse (ce qui est le cas du Pays d'Ouche), se plaît à merveille dans tous les terrains du département. Les plantations s'étendent sans cesse ; il convient de les multiplier encore, en apportant au choix des variétés et à l'entretien des arbres tous les soins désirables.

L'élevage des Moutons dans le Vexin

Béliers mérinos, à M. Doar, à Gamaches

En dehors du Vexin, où la culture intensive a pénétré de bonne heure, entraînant à sa suite toutes les améliorations, l'Agriculture de l'Eure encourait le reproche de conserver de mauvais assolements, de n'entretenir qu'un bétail trop peu nombreux, et, par suite, de ne pas disposer de fumier en quantité suffisante, de négliger le nettoiement du sol, trop souvent dans un état déplorable de malpropreté, tant à cause de l'insuffisance des façons culturales que de la place trop petite réservée aux plantes sarclées.

Les cultivateurs soigneux et intelligents ont porté remède à tout cela. L'extension des herbages permet d'entretenir un bétail plus nombreux et d'augmenter la masse du fumier destiné aux terres labourables. Les assolements sont mieux compris, et les plantes sarclées y occupent une grande place. Dans les régions où, grâce au voisinage d'une sucrerie, la betterave industrielle a pu pénétrer, la révolution a été complète. Partout, enfin, l'outillage s'est amélioré, et le sol est travaillé plus soigneusement.

Les spéculations animales n'ont point un objectif moins sûr à atteindre. Le cheval de trait est trop bien réussi pour qu'il soit question de modifier sa production. Les bovidés, dont le nombre a triplé depuis un siècle, n'ont pas toujours encore une conformation parfaite ; mais, sur tous les points du département, les bonnes étables sont nombreuses. Il est démontré que la race normande est celle qui convient le mieux au pays, qu'il n'y a point à la croiser, mais seulement à l'améliorer par une sélection rigoureuse et par une alimentation rationnelle. Les moutons qui, comme partout ailleurs, ont beaucoup reculé devant les bovidés, regagneront du terrain. L'Eure est, de toute la Normandie, la région où ils sont le mieux à leur place et où ils peuvent rendre le plus de services. Les mérinos et les dishley mérinos sont représentés par des troupeaux qui ne laissent plus guère à désirer.

A peu près insensibles pendant de longues années, ces progrès se généralisent maintenant dans toutes les régions. Le Vexin n'a plus le monopole des cultures soignées, ni des bons troupeaux. Dans la Plaine du Neubourg, dans la Plaine de Saint-André, dans le Roumois, dans le Lieuvin, partout, on rencontre des exploitations parfaitement tenues, qui peuvent servir de modèles dans leur rayon.

On est en droit d'affirmer qu'aujourd'hui l'Agriculture de l'Eure est en pleine transformation.

*
* *

Des neuf départements qui font l'objet de nos études, les uns représentent des circonscriptions administratives bien homogènes, dont les différentes organisations agricoles sont fortement centralisées au chef-lieu. D'autres sont composés de régions qui n'ont pas beaucoup de relations entre elles et ne cherchent à s'entendre sur aucun point. En Normandie, on en trouve un exemple avec la Manche, et aussi avec l'Eure. Le Vexin ignore complètement le reste de son département ; ses intérêts et ses relations le portent vers Rouen ou vers Beauvais. De même, le sud de l'Eure, l'arrondissement d'Evreux, vit un peu à l'écart des régions du Nord ; le Lieuvin et une partie de l'arrondissement de Bernay sont attirés vers le Calvados, le Roumois et les environs de Louviers vers Rouen, si proche.

De cette situation résulte une décentralisation parfois excessive des Associations agricoles, des Syndicats en premier lieu. Les Syndicats sont assez nombreux, et quelques-uns sont très actifs. Parmi ces derniers, il est juste de citer d'abord le Syndicat de l'arrondissement de Bernay, puis les deux Sociétés qui se partagent les forces syndicales de l'arrondissement des Andelys, enfin de petits Syndicats cantonaux, comme le Syndicat de Gaillon et le Syndicat du Plateau du Roumois, qui doivent au dévouement et à l'expérience consommée de leurs présidents d'exercer une action hors de proportion avec les limites restreintes de leurs régions.

Cependant, une mention particulière est due au Syndicat agricole de l'arrondissement d'Evreux, auquel l'étendue de sa circonscription, le nombre de ses adhérents et l'importance de ses services d'entremise assurent le premier rang. Fondé en 1886, ce Syndicat compte actuellement 2.200 membres. Depuis 1896, une Coopérative agricole, au capital de fondation de 10.000 francs, fonctionne à côté de lui et assure la charge de ses services d'entremise avec un entrepôt principal à Evreux et plusieurs dépôts sur différents points de l'arrondissement.

Les quantités d'engrais chimiques livrées par la Coopérative oscillent depuis quelques années autour de 40.000 quintaux. C'est là un joli chiffre pour un seul arrondissement et qui témoigne en faveur des progrès de sa culture.

***

Le défaut d'entente entre les différentes régions de l'Eure apparaît de façon encore plus sensible avec le Crédit Agricole. Sous l'action de multiples initiatives, le Crédit s'est solidement établi dans l'Eure et y fonctionne très largement. A la fin de 1907, le département possédait 18 Sociétés locales, avec 943 adhérents ; le montant des prêts consentis dans l'année s'est élevé à 3.052.000 francs, dépassant de loin les opérations des 4 autres départements normands.

Les Etalons du Haras du Pin

Phot. Jean Delton

Azur, *demi-sang normand*, par " Juvigny " et " Plaisance "
Né en 1900, à Sémallé (Orne). — Acheté 40.000 francs à M. Lallouet en 1904

Mais, situation curieuse et qui ne se représente dans aucun autre des 81 départements dotés du Crédit Agricole, ces 18 Sociétés locales relèvent de 5 caisses régionales, dont 2 seulement ont leur siège social dans l'Eure. 4 Sociétés sont affiliées à la Caisse de la Beauce et du Perche, à Chartres ; 3 autres, des arrondissements de Pont-Audemer et Bernay, sont allées à la Caisse du Pays d'Auge et du Lieuvin, à Lisieux ; 4 à la Caisse de l'Eure, à Evreux ; 7 Sociétés, de la région des Andelys, relèvent de la Caisse du Vexin, à Gisors, tandis qu'une dernière Société locale, et non pas la moins importante, a préféré s'unir à ses émules de l'Oise pour fonder la Caisse régionale de Beauvais.

Fort heureusement, comme on le constate, cela n'empêche pas le Crédit mutuel Agricole de se développer dans l'Eure et de réaliser des affaires considérables, mais il n'y en a pas moins là un excès de décentralisation, une dissémination fâcheuse des forces vives du département.

*

L'organisation de l'Assurance mutuelle prête à la même critique. Les bases du fonctionnement (prime, indemnité, etc.) varient beaucoup pour les 32 Sociétés locales existant au 1ᵉʳ juin dernier, avec plus de 1.100 adhérents et un capital assuré de près de 3 millions de francs.

Il est vrai que 21 Sociétés sont affiliées à l'Union fédérale de France, et que le Syndicat d'Evreux s'occupe actuellement de constituer une Union de réassurance entre les Sociétés locales du département. Cette réassurance grouperait les Sociétés acceptant des primes de 1,25 0/0 pour les bovidés, et 1.55 0/0 pour les chevaux (cotisation de réassurance de 0,25 0/0 et 0,35 0/0 comprises), et garantissant le paiement des indemnités, dans la proportion de 80 0/0 de la valeur assurée ; l'Union interviendrait quand les locales auraient épuisé les ressources ordinaires (primes d'assurance) et les deux tiers des fonds de réserve existant au début de l'année.

*

L'Eure possède une belle et vieille Société savante, la Société libre d'Agriculture, Sciences, Arts et Belles-Lettres de l'Eure, fondée en 1832 et dont les publications, faites avec le plus grand soin, sont des plus intéressantes. Avec elle, un certain nombre de Comices s'occupent d'encourager les bonnes méthodes de culture et d'élevage. Ces différentes Associations organisent des Concours, soit chaque année, soit, et la Société libre de l'Eure donne l'exemple, tous les deux ou trois ans seulement.

*

On connait les brillants résultats de la coopération appliquée à l'exportation de fruits, dans la vallée de la Seine. Le département n'a pas d'autres Coopératives ; cependant, des Sociétés laitières sont en projet à Pont-Audemer, au Neubourg et dans la région de Lyons-la-Forêt.

En somme, la plupart des Associations agricoles de l'Eure se montrent très vivantes, et il convient de rendre hommage aux brillants efforts tentés sur tous les points du département, aussi bien qu'aux excellents résultats obtenus, en particulier en ce qui concerne le Crédit Agricole. Mais il faudrait sans doute un peu plus d'uniformité et une direction générale pour assurer à l'Agriculture de ce beau département tout le bénéfice qu'elle est en droit d'attendre de ses diverses Sociétés.

Seine-Inférieure

La richesse d'un pays s'évalue d'autant plus facilement qu'on a pris de sérieux points de comparaison. Aussi, pour mieux apprécier la Seine-Inférieure agricole, convient-il d'avoir étudié des régions renommées pour leur fécondité, comme la Beauce, l'Anjou et la Basse-Normandie. On trouve à peu près partout de petits cantons privilégiés; tels de nos départements les plus pauvres réservent l'agréable surprise d'ilots très riches au milieu de vastes contrées arides. Il est beaucoup plus rare de rencontrer un département de fertilité soutenue. C'est le cas de la Seine-Inférieure, et, à ce point de vue, elle affirme une supériorité incontestable sur les huit autres départements qui font l'objet de nos études, même, à notre avis, sur le Calvados et la Manche.

Les Étalons du Haras du Pin

Phot. Jean DELTON

Tibère, *pur sang anglais,* par " The Bard " et " Thébaïde "
Né en 1898, au Haras de Lormoy (Seine-et-Oise)
Second du Grand Prix de Paris et troisième du Jockey-Club
Acheté 68.000 francs en 1901 à M. CAILLAUT

La raison principale en vient de l'heureuse homogénéité des terres. Les formations géologiques sont infiniment moins variées que dans la Basse-Normandie. Il y a bien la Vallée de Bray, avec une quantité de couches entremêlées, à caractères parfois très différents, mais le mélange en est presque toujours assuré en proportions convenables pour la prairie naturelle, et cette dernière s'y présente souvent sous un aspect qui ne craint pas la comparaison avec les plantureuses embouches du Pays d'Auge ou du Cotentin. Presque partout ailleurs, sur les épaisses assises crétacées qui forment les belles falaises des rivages cauchois, on trouve un diluvium profond et de culture facile, susceptible d'être porté rapidement à un haut degré de productivité. Est-il en France beaucoup de régions comparables à ce magnifique triangle que constitue le plateau cauchois, entre les trois villes de Rouen, Le Havre et Dieppe? Ce Pays de Caux est la terre promise du cultivateur et, véritablement, en l'étudiant, on demeure surpris de sa richesse, de ses ressources, de l'avenir qui lui semble réservé.

Prairies artificielles, céréales, plantes industrielles, tout s'y plaît à merveille.

La prairie artificielle, les fourrages verts de toutes sortes y occupent une place considérable. C'est le pays du pâturage au piquet, et, pendant une bonne partie de l'année, des files interminables d'animaux s'alignent sur les plateaux, passant d'une plante à l'autre, suivant la saison. On peut dire que si le cultivateur cauchois se plaint parfois de la fatigue de son sol pour le trèfle, il y a bien de sa faute, et il est même étonnant qu'avec un retour aussi fréquent de légumineuses, les insuccès constatés ne soient pas plus marqués. Un espacement plus rationnel de la prairie artificielle dans l'assolement suffira, sans doute, pour remettre toutes choses en l'état.

De même, pour les céréales, pour les blés en particulier, si les plaintes se font entendre, c'est toujours l'exubérance de végétation qui en est cause. Avec un sol plutôt trop riche en matière organique et en azote, par suite de la multiplication des prairies artificielles, de l'abondance des fumures organiques, la végétation s'emballe, la verse est à craindre et ne survient que trop souvent. Heureusement que le remède est possible et qu'on arrivera assez facilement, comme dans tous les pays de la région du Nord, à corriger cet excès de vigueur, à maintenir suffisamment l'équilibre de la végétation pour permettre l'augmentation de la production du grain au détriment de celle de la paille.

Les plantes industrielles donnent plus exactement la mesure de ce qu'il est possible de tirer de ce sol généreux. Des cultures spéciales, le colza, le lin, que tant d'autres régions, et non des moins bien cultivées, ont dû abandonner, sous la pression de la concurrence étrangère s'exerçant librement, en l'absence de droits protecteurs, y ont trouvé leurs derniers retranchements. Le colza résiste en dépit de tout, et les cultivateurs du Pays de Caux, dont les ancêtres ont tiré leur fortune de la précieuse plante oléagineuse, lui consacrent aujourd'hui encore plus de 3,000 hectares, c'est-à-dire plus du quart de ce qui est cultivé dans la France entière. Le lin, lui aussi, y est dans son milieu de prédilection. Les terres des plaines de Goderville ont une renommée qui dépasse nos frontières : bien avant l'arrachage, les courtiers belges parcourent les campagnes des arrondissements du Havre et d'Yvetot, pour acheter sur pied ces lins de choix, qui s'en iront rouir dans les eaux de la Lys, et que les filatures anglaises s'assureront ensuite à prix d'or. Au cours de ces dernières années, avec le relèvement des cours, les emblavures se sont élargies. En quatre ans, la surface des linières a plus que doublé et, actuellement, cette plante textile est plus en faveur que jamais.

Quant à la betterave à sucre, elle ne peut trouver des conditions plus favorables, et, pour avoir été moins cultivée jusqu'à présent qu'en Picardie ou en Ile-de-France, elle n'y jouira sans doute pas d'un avenir moins brillant. N'a-t-on pas vu depuis trois et quatre ans, en pleine crise sucrière, édifier deux nouvelles sucreries ? Que le marché du sucre reprenne une allure normale, et la culture de la betterave prendra certainement, dans le Pays de Caux, une extension remarquable.

Mais ce qui fait d'autant mieux ressortir les heureuses aptitudes de cette contrée privilégiée, où les cultures sont si diverses et peuvent donner des résultats si avantageux, c'est la facilité avec laquelle ces cultures se substituent l'une à l'autre. Ces exubérantes céréales, ces riches plantes industrielles peuvent faire place à la prairie naturelle.

Phot. Jean Delton

Avocat, n° 66.303, du S. B. P.
Prix d'honneur des Etalons percherons, Paris, 1908
Elevé par M. J. Aveline, à Bregmalard (Orne)
Vendu 21.000 francs pour la République Argentine

Depuis vingt ans, combien de terres labourables ont été « couchées en herbe »? Chaque ferme cauchoise a vu sa masure agrandie, complétée par des herbages. Nombre de propriétaires même, parfois simplement pour éviter les difficultés croissantes de la main-d'œuvre, ont transformé en herbages toutes leurs terres de labour. Et la prairie se plaît aussi bien que la plante de grande culture dans cette terre idéale. Sur ces plateaux du Caux, les pâtures de récente création sont tout aussi chargées de bétail que les vieux herbages d'autres régions renommées pour leurs prairies.

Avec l'herbage, le pommier, cette autre richesse de la Normandie, s'est multiplié de façon étonnante. Les plantations gagnent sans cesse du terrain et, il est juste de le reconnaître, dans aucune autre région des pays cidricoles elles ne sont mieux établies et soignées, ni les variétés plus sélectionnées. N'est-ce pas, du reste, des pépinières de la Seine-Inférieure que sont sorties les premières et les meilleures des variétés de fruits à cidre que recommande aujourd'hui l'Association nationale pomologique ?

Faut-il avouer que, pendant des années, en dépit de sa culture intensive, à cause même de l'abondance de ses engrais naturels, de l'excès de végétation de ses céréales, la Seine-Inférieure est restée en arrière de la région du Nord, en ce qui concerne la fertilisation rationnelle du sol, l'emploi des engrais complémentaires ? Aujourd'hui, il n'en est plus de même, l'élan est donné, la vulgarisation des méthodes scientifiques se précipite, l'engrais chimique pénètre partout, surtout grâce aux cultures industrielles, et, dans nombre de fermes son emploi est si abondant que la note du marchand d'engrais dépasse en importance le prix du fermage. Avec le Vexin, le Pays de Caux se détache nettement du reste de la Normandie et marche dans la voie du progrès, certains de ses cantons peuvent rivaliser désormais avec les mieux cultivés de la région du Nord.

Les statistiques officielles ne permettent pas d'établir de façon très précise la valeur de la production agricole d'un département. Cependant, en se reportant à l'enquête décennale de 1892, on s'aperçoit qu'à cette époque la production végétale annuelle devait se chiffrer par une valeur d'environ 170 millions pour la Seine-Inférieure, contre 140 millions pour chacun de ses voisins. l'Eure et le Calvados. Depuis 15 ans, il y a eu une augmentation sensible de la production, et, certainement, les proportions de 1892 n'ont pas changé au désavantage de la Seine-Inférieure. Seul peut-être des 8 autres départements envisagés, le Maine-et-Loire, avec ses 100.000 hectares de plus et surtout avec le revenu très élevé du beau vignoble angevin, doit avoir une production végétale de valeur très sensiblement égale à la nôtre.

Se tourne-t-on de la plante vers l'animal, la richesse du département ne se montre pas avec moins de netteté. L'enquête de 1892 fixait la valeur du cheptel vivant de la Manche à 116 millions de francs, celui de la Seine Inférieure à 115 millions, celui de l'Eure à 80 millions, celui du Loir-et-Cher à 48 millions seulement. Actuellement, le nombre des animaux de ferme s'est beaucoup élevé dans les 9 départements, et leur valeur moyenne est aussi plus forte. La Seine-Inférieure tient toujours le second rang, derrière la Manche, avec une valeur de plus de 140 millions de francs, distançant de loin les autres départements normands surtout l'Eure, dont le cheptel vivant ne doit pas valoir plus de 90 millions.

Le gros bétail est celui dont le nombre progresse avec le plus de rapidité. Actuellement, il ne manque pas de fermes du Pays de Caux qui entretiennent un troupeau représentant beaucoup plus d'une tête de gros bétail à l'hectare, c'est-à-dire ce que les économistes regardaient, il n'y a pas encore longtemps, comme un *optimum* à viser, mais bien rarement réalisable. Et les efforts des éleveurs tentent tout autant à améliorer la qualité du bétail qu'à en augmenter le nombre. Les critiques un peu sévères prétendront peut-être que, de ce côté, il reste beaucoup à faire, que cette race bovine normande, dont les aptitudes mixtes sont précieuses, a moins d'unité que telle autre race du centre de la France. Sans doute, tout n'est pas pour le mieux, et même on n'est pas encore tout à fait d'accord sur les meilleurs moyens à mettre en œuvre pour atteindre le but, mais ce n'est pas la bonne volonté qui manque. Les différentes Sociétés d'Agriculture, rivalisant de zèle, font de gros sacrifices pour l'achat de reproducteurs d'élite : quelques éleveurs sont déjà parvenus à constituer des troupeaux remarquables, ne le cédant pas aux meilleurs des autres départements normands, et tout fait espérer que, peu à peu, l'amélioration sera sensible.

Phot. Jean Delton

Levrotte, n° 68225, du S. B. P., *1er prix, Mortagne, 1908*
Elevée par M. J. Aveline, à Regmalard (Orne)

Un moment tout à fait délaissé pour le gros bétail, le mouton reprend la place qu'il n'aurait jamais dû perdre. Les troupeaux se reconstituent ; la race locale, si parfaitement adaptée au milieu, et de qualités précieuses, gagne progressivement cette finesse et cette régularité de conformation qui lui faisaient absolument défaut ; les races anglaises améliorées à laine courte ou demi-longue, Southdown et Oxforddown, fournissent de plus en plus ces reproducteurs mâles, qui permettent d'obtenir, par le croisement industriel, de superbes agneaux gras.

L'espèce chevaline est très honorablement représentée. La Seine-Inférieure n'est pas un pays d'élevage, comme la Basse-Normandie. Il y a bien quelques milliers de juments livrées chaque année aux étalons ; mais si quelques gros propriétaires réussissent le fameux trotteur normand, si d'autres, plus nombreux, produisent des demi-sang très appréciés, d'une résistance et d'un cachet tout particuliers, on reconnaîtra sans peine que la grande masse des poulinières laissent à désirer. L'entraitage est plus généralisé et donne de meilleurs résultats. Chaque année, des milliers de poulains arrivent du Boulonnais, du Perche et quelque peu de Bretagne, dans les fermes du Pays de Caux. Grâce à la facilité des travaux de culture, à la richesse en avoine de l'alimentation et à la nature très saine du sol, ces chevaux acquièrent beaucoup de qualité. Le Pays de Caux convient, en somme, aussi bien à cette spéculation que le Pays Chartrain. Les chevaux de « Vallée de Dieppe » ont, dans le monde des marchands, une juste renommée, et les foires de Fauville, d'Yvetot, de Bacqueville et de Rouen sont des plus courues.

L'avenir de la Seine-Inférieure se présente donc sous les plus heureux auspices. Un milieu tout à fait privilégié par la Nature, des cultivateurs intelligents et travailleurs, des spéculations végétales et animales bien orientées, il y a certainement là toutes les conditions requises pour une prospérité assurée.

***

Il nous resterait à passer en revue les différentes Associations de la Seine-Inférieure : Sociétés d'Agriculture, Syndicats, Sociétés de crédit, Assurances mutuelles, Coopératives, etc..., et à examiner si leur organisation est dès maintenant assez bien comprise, assez puissante, pour répondre à tous les besoins, pour rendre aux agriculteurs du département tous les services qu'ils sont en droit d'espérer.

Nous pensons que cette étude est superflue dans un Congrès tenu à Rouen, dans ce vieil Hôtel des Sociétés savantes, où la situation de toutes les Associations du département est si parfaitement connue. Il nous semble préférable de nous en tenir aux conclusions qui se dégagent de cette enquête dans les huit autres départements de la circonscription des Assises de Caumont.

***

Après un quart de siècle de fonctionnement, les Syndicats ont pris une place plus importante que jamais ; mais, pour eux aussi, il s'est produit une évolution. Les services d'entremise ne peuvent conserver tous leurs avantages qu'avec les Syndicats puissants, qui groupent des milliers d'adhérents, disposent de grosses ressources et sont en mesure d'acheter les engrais par milliers et milliers de tonnes. Le Syndicat unique, ainsi indiqué pour chaque département, doit cependant adopter une organisation décentralisatrice pour nombre de ses services. Les groupements cantonaux lui sont indispensables ; la subdivision de ces groupes cantonaux en sections communales apparaît enfin désirable, si l'on veut posséder les trois échelons nécessaires aux œuvres de la mutualité.

En tête, au chef-lieu de département, nous voyons se concentrer les services commerciaux et de renseignements, la Caisse régionale de Crédit Mutuel Agricole et l'Union de réassurance contre la mortalité du bétail. Au second degré, au canton, le Cercle Agricole rend de gros services pour le groupement des commandes ; il s'impose pour l'étude et la défense des intérêts locaux, la création des Coopératives de production et de vente, et surtout pour la mise sur pied des Sociétés locales de Crédit Mutuel Agricole. A la commune enfin, au bas de l'échelle, nous trouvons la circonscription réduite qui convient le mieux pour le parfait fonctionnement de l'Assurance mutuelle contre la mortalité du bétail.

Avec les Sociétés d'Agriculture, une organisation identique se conçoit. Une Société départementale, étendant son influence à tout un département, trouve partout un rôle essentiel à jouer, avec la direction générale à donner à l'Agriculture et à l'élevage. En matière d'élevage surtout, le Concours départemental, analogue à ceux de la Sarthe et de la Mayenne, se montre absolument indispensable.

Mais pas plus que le grand Syndicat, la Société départementale ne saurait répondre à tous les besoins de sa circonscription, et les groupements locaux prennent une utilité incontestable. D'abord pour assurer les services journaliers de l'élevage. C'est la tâche du Syndicat d'élevage, si prospère à l'Etranger et si peu répandu en France ; il peut débuter par la circonscription cantonale, mais gagnera à réduire son rayon d'action à mesure que ses services mieux appréciés lui amèneront des adhérents plus nombreux. Et les Comices Agricoles, d'arrondissement ou de canton, n'ont pas de rôle plus nécessaire que celui d'organiser et de soutenir ces petites Sociétés d'élevage.

Si l'on se reporte maintenant à la situation des diverses Associations agricoles de la Seine-Inférieure, on se rend compte des lacunes qui existent. Des modifications profondes et de grandes améliorations doivent être apportées à l'organisation actuelle, il faut bien l'avouer, mais il n'y a aucune difficulté sérieuse à surmonter. D'ailleurs, dans ce beau et riche département, les hommes d'action ne font pas défaut et les bonnes volontés sont nombreuses. Les résultats déjà obtenus sont de ceux dont on peut être fier ; si de nouveaux efforts s'imposent à l'Agriculture de la Seine-Inférieure, c'est qu'elle se doit à elle-même de rester constamment au rang que lui assignent les merveilleuses ressources dont elle dispose.

Rouen. — Imp. L. Wolf, 13-15, rue Pierre-Corneille